软件开发与测试丛书

U0185433

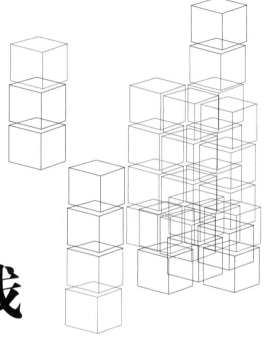

软件质量
管理实践

刘文红　侯育卓　郭栋　张卫祥　杨隽　沈玥　编著

清华大学出版社

北京

内 容 简 介

本书紧扣软件工程标准规范要求,结合国内软件研制现状,系统地介绍了软件质量管理的要求,涵盖了软件工程、CMMI软件能力成熟度模型和软件测试技术的相关知识。对于帮助软件质量管理人员清楚了解和掌握质量管理精髓具有较强的指导作用。本书是作者多年从事软件工程技术研究和软件质量体系建设的实践经验总结,具有良好的实用性、较强的内容指导性和较高的参考价值。本书可供从事软件研制的技术和管理人员使用,也可供高等院校的研究生及高年级本科生学习和参考。

版权所有,侵权必究。举报:010-62782989,beiqinquan@tup.tsinghua.edu.cn。

图书在版编目(CIP)数据

软件质量管理实践/刘文红等编著. —北京:清华大学出版社,2023.6
(软件开发与测试丛书)
ISBN 978-7-302-63494-2

Ⅰ.①软… Ⅱ.①刘… Ⅲ.①软件质量－质量管理 Ⅳ.①TP311.5

中国国家版本馆 CIP 数据核字(2023)第 085310 号

责任编辑:李双双
封面设计:常雪影
责任校对:欧 洋
责任印制:曹婉颖

出版发行:清华大学出版社
    网 址:http://www.tup.com.cn,http://www.wqbook.com
    地 址:北京清华大学学研大厦 A 座   **邮 编:**100084
    社 总 机:010-83470000   **邮 购:**010-62786544
    投稿与读者服务:010-62776969,c-service@tup.tsinghua.edu.cn
    质量反馈:010-62772015,zhiliang@tup.tsinghua.edu.cn
印 装 者:三河市龙大印装有限公司
经 销:全国新华书店
开 本:185mm×260mm **印 张:**13 **字 数:**316 千字
版 次:2023 年 8 月第 1 版   **印 次:**2023 年 8 月第 1 次印刷
定 价:69.00 元

产品编号:091894-01

"软件开发与测试丛书"
编审委员会

主 任 委 员：董光亮

副主任委员：匡乃雪　　吴正容　　赵　辉

委　　　员：孙　威　　马　岩　　杜会森　　许聚常　　鲍忠贵

　　　　　　王占武　　尹　平　　闫国英　　董　锐

主　　　编：刘文红

副　主　编：张卫祥

秘　　　书：韩晓亚

"软件开发与测试"丛书序

为应对"软件危机"的挑战,人们在 20 世纪 60 年代末提出借鉴传统行业在质量管理方面的经验,用工程化的思想来管理软件,以提高复杂软件系统的质量和开发效率,即软件工程化。40 多年以来,软件已广泛应用到各个工程领域乃至生活的各个方面,极大地提高了社会信息化水平,软件工程也早已深入人心。

质量是产品的生命,对软件尤其如此。软件的直观性远不及硬件,软件的质量管理相对困难得多;但与传统行业类似,大型复杂软件的质量在很大程度上取决于软件过程质量。质量评估是质量管理的关键,没有科学的评估标准和方法,就无从有效地管理质量,软件评测是质量评估的最有效和最重要的手段之一。

北京跟踪与通信技术研究所软件评测中心是从事软件评测与工程化管理的专业机构,是在我国大力发展航天事业的背景下,为保障载人航天工程软件质量,经原国防科工委批准,国内最早成立的第三方软件评测与工程化管理的技术实体组织之一。自成立以来,软件评测中心出色地完成了以载人航天工程、探月工程为代表的数百项重大工程关键软件评测项目,自主研发了测试仿真软件系统、测试辅助设计工具、评测项目与过程管理软件等一系列软件测试工具,为主制订了 GB/T 15532—2008《计算机软件测试规范》、GB/T 9386—2008《计算机软件测试文档编制规范》、GJB 141《军用软件测试指南》等软件测试标准,深入研究了软件测试自动化、缺陷分析与预测、可信性分析与评估、测试用例复用等软件测试技术,在嵌入式软件、非嵌入式软件和可编程逻辑器件软件等不同类型软件测试领域,积累了丰富的测试经验和强大的技术实力。

为进一步促进技术积累和对外交流,北京跟踪与通信技术研究所组织编写了本套丛书。本丛书是软件评测中心多年来技术经验的结晶,致力于以资深软件从业者和工程一线技术人员的视角,融会贯通软件工程特别是软件测试、质量评估与过程管理等领域相关的知识、技术和方法。本丛书的特色是重点突出、实用性强,每本书针对不同方向,着重介绍实践中常用的、好用的技术内容,并配以相应的范例、模板、算法或工具,具有很高的参考价值。

本丛书将为具有一定知识基础和工作经验、想要实现快速进阶的从业者提供一套内容丰富的实践指南。对于要对工作经验较少的初入职人员进行技术培训、快速提高其动手能力的单位或机构,本丛书也是一套难得的参考资料。

丛书编审委员会

2015 年 5 月 6 日

前　言

随着信息技术的迅速发展,计算机软件的应用日益广泛,软件失效导致的后果也愈加严重,特别是在航空航天、金融保险、交通通信、工业控制等关系国计民生的重要领域,软件一旦失效将造成重大损失,因此对软件质量提出更高的要求。软件质量受到人们越来越多的关注。

本书紧扣软件工程标准规范要求,结合国内软件研制现状,系统地介绍了软件质量管理的要求,涵盖软件工程、CMMI 软件能力成熟度模型和软件测试技术的相关知识。对于软件质量管理人员清楚了解和掌握质量管理精髓具有较强的指导作用。

全书结构如下：第 1 章概述了软件工程和软件生命周期各模型,介绍了软件过程在软件质量管理中的意义;后续各章按照先工程后管理的顺序,第 2～5 章分别介绍了软件需求管理、同行评审、验证与确认的要求;第 6～11 章分别介绍软件缺陷管理、软件配置管理、软件质量保证、软件质量度量、测量与分析及软件质量持续改进。

本书是编写组多年从事软件质量管理工作的技术积累,兼具实用性与前瞻性,系统地介绍了软件质量管理与软件工程化各方面的内容。与软件一样,本书虽然经过了认真的编写和修改,仍然会有一些不足或疏漏存在,而这些不足或疏漏只有在使用时才会被发现。如果您在阅读本书后,愿意将不足或疏漏、意见和建议反馈给我们,我们将非常感激。

编著者

2022 年 4 月

目 录

CHAPTER 1

软件质量管理概述

1.1 软件工程概述

人类社会已经跨入了 21 世纪,计算机系统已经渗入人类生活的各个领域,同时计算机软件工程已经发展成为当今世界重要的技术领域之一。对软件本身进行研究使一门重要的学科——软件工程诞生。软件工程的研究领域包括软件的开发方法、软件的生命周期及软件的工程实践等。

1.1.1 软件危机与软件工程的起源

1.1.1.1 计算机系统的发展历程

20 世纪 60 年代中期以前,是计算机系统发展的早期。在这个时期,通用硬件已经相当普遍,软件是为每个具体应用而专门编写的,大多数人认为软件开发是无须预先计划的事情。这时的软件实际上就是规模较小的程序,程序的编写者和使用者往往是同一个(或同一组)人。由于规模小,程序编写起来相当容易,也没有系统化的方法,软件开发工作更没有得到任何管理。这种个体化的软件环境,使软件设计往往只是在人们头脑中隐含进行的一个模糊过程,除了程序清单之外,根本没有其他文档资料保存下来。

20 世纪 60 年代中期到 70 年代中期,是计算机系统发展的第一代。计算机技术在这 10 年中有了很大进步。多道程序多用户系统引入了人机交互的新概念,开创了计算机应用的新境界,使硬件和软件的配合上升到一个新的层次。实时系统能够从多个信息源收集、分析和转换数据,从而使进程控制能以毫秒而不是分钟来进行。在线存储技术的进步引领了第一代数据库管理系统的出现。

计算机系统发展的第二代的一个重要特征是出现了广泛使用产品软件的"软件作坊"。但是,"软件作坊"基本上仍然沿用早期形成的个体化软件开发方法。随着计算机应用的日益普及,软件数量急剧膨胀,在程序运行时发现的错误必须设法改正;用户有了新的需求时必须相应地修改程序;硬件或操作系统更新时,通常需要修改程序以适应新的环境。上述各种软件维护工作,以令人吃惊的比例不断地耗费资源。更严重的是,许多程序的个体化特性使它们最终变得不可维护。"软件危机"就这样开始出现了。1968 年,北大西洋公约组织的计算机领域的科学家们在联邦德国召开国际会议,讨论软件危机问题。这次会议正式提出并使用了"软件工程"这个名词,一门新兴的工程学科就此诞生。

1.1.1.2　软件危机简介

软件危机指在计算机软件的开发和维护过程中所遇到的一系列严重问题。这些问题绝不仅仅是不能正常运行的软件才具有的。实际上,几乎所有软件都不同程度地存在这些问题。概括地说,软件危机包含下述两方面的问题:如何开发软件,以满足对软件日益增长的需求;如何维护数量不断膨胀的已有软件。鉴于软件危机的长期性和症状不明显的特征,近年来有人建议把软件危机更名为"软件萧条"(depression)或"软件困扰"(affliction)。不过"软件危机"这个词强调了问题的严重性,而且也已为绝大多数软件工作者所熟悉,所以本书仍将沿用它。

具体来说,软件危机主要有以下一些典型表现。

(1)对软件开发成本和进度的估计常常很不准确。实际成本比估计成本有可能高出一个数量级,实际进度比预期进度拖延几个月甚至几年的现象并不罕见。这种现象降低了软件开发组织的信誉。而为了追赶进度和节约成本所采取的一些权宜之计又往往损害了软件产品的质量,从而不可避免地会引起用户的不满。

(2)用户对"已完成的"软件系统不满意的现象经常发生。软件开发人员常常在对用户要求只有模糊的了解,甚至对所要解决的问题还没有确切认识的情况下,就仓促上阵,匆忙着手编写程序。软件开发人员和用户之间的信息交流往往很不充分,"闭门造车"必然导致最终的产品不符合用户的实际需要。

(3)软件产品的质量往往靠不住。软件可靠性和质量保证的确切定量概念刚刚出现不久,软件质量保证技术还没有被坚持不懈地应用到软件开发的全过程中,这些都导致软件产品发生质量问题。

(4)软件常常是不可维护的。很多程序中的错误是非常难改正的,实际上不可能使这些程序适应新的硬件环境,也不能根据用户的需要在原有程序中增加一些新的功能。"可重用的软件"还是一个没有完全做到的、正在努力追求的目标,人们仍然在重复开发类似的或基本类似的软件。

(5)软件通常没有适当的文档资料。计算机软件不仅仅是程序,还应该有一整套文档资料。这些文档资料应该是在软件开发过程中产生出来的,而且应该是"最新式的"(和程序代码完全一致的)。软件开发组织的管理人员可以使用这些文档资料作为里程碑(milestone),来管理和评价软件开发工程的进展状况;软件开发人员可以利用它们作为通信工具,这些文档资料在软件开发过程中,对于软件维护人员准确地交流信息更是至关重要、必不可少的。缺乏必要的文档资料或者文档资料不合格,必然给软件开发和维护带来许多严重的困难和问题。

(6)软件成本在计算机系统总成本中所占的比例逐年上升。由于微电子学技术的进步和生产自动化程度不断提高,硬件成本逐年下降,然而软件开发需要大量人力,软件成本随着通货膨胀及软件规模和数量的不断扩大而持续上升。美国在1985年付出的软件成本大约已占计算机系统总成本的90%。

(7)软件开发生产率提升的速度,既跟不上硬件的发展速度,也远远跟不上计算机应用迅速普及深入的趋势。软件产品"供不应求"的现象,使人类不能充分利用现代计算机硬件提供的巨大潜力。

以上列举的仅仅是软件危机的一些明显的表现,与软件开发和维护有关的问题远远不止这些。

1.1.1.3　产生软件危机的原因

在软件开发和维护的过程中存在这么多严重问题,一方面与软件本身的特点有关,另一方面也和软件开发与维护的方法不正确有关。

软件不同于硬件,它是计算机系统中的逻辑部件而不是物理部件。由于软件缺乏“可见性”,在写出程序代码并在计算机上试运行之前,软件开发过程的进展情况较难衡量,软件的质量也较难评价,因此,管理和控制软件开发过程相当困难。此外,软件在运行过程中不会因为使用时间过长而被“用坏”,如果运行中发现错误,很可能是遇到了一个在开发时期引入的、在测试阶段没能检测出来的错误,因此,软件维护通常意味着改正或修改原来的设计,这就在客观上使软件较难维护。

软件不同于一般程序,它的一个显著特点是规模庞大,且程序复杂性将随着程序规模的增加而呈指数上升。为了在预定时间内开发出规模庞大的软件,必须由许多人分工合作。然而,如何保证每个人完成的工作合在一起确实能构成一个高质量的大型软件系统,更是一个极端复杂、困难的问题,不仅涉及许多技术问题,诸如分析方法、设计方法、形式说明方法、版本控制等,更重要的是必须有严格而科学的管理体系。

软件本身独有的特点确实给开发和维护带来了一些客观困难,但是人们在开发和使用计算机系统的长期实践中,也确实积累和总结出了许多成功的经验。如果坚持不懈地使用经过实践考验证明是正确的方法,许多困难是完全可以克服的,过去也确实有一些成功的范例。但是,目前相当多的软件专业人员对软件开发和维护还存在不少糊涂观念,在实践过程中或多或少地采用了错误的方法和技术,这可能是使软件问题发展成软件危机的主要原因。与软件开发和维护有关的许多错误认识和做法的形成,可以归于在计算机系统发展的早期阶段软件开发的个体化特点。错误的认识和做法主要表现为忽视软件需求分析的重要性,认为软件开发就是编写程序并设法使之运行,轻视软件维护等。

事实上,对用户要求没有完整、准确的认识就匆忙着手编写程序是许多软件开发工程失败的主要原因之一。只有用户才真正了解他们自己的需要,但是许多用户在开始时并不能准确、具体地叙述他们的需要,软件开发人员需要做大量深入、细致的调查研究工作,反复多次地和用户交流信息,才能真正全面、准确、具体地了解用户的要求。对问题和目标的正确认识是解决任何问题的前提和出发点,软件开发同样也不例外。急于求成,仓促上阵,对用户要求没有正确认识就匆忙着手编写程序,这就如同不打好地基就盖高楼,最终必然垮台。事实上,越早开始编写程序,完成它所需要用的时间往往越长。

一个软件从定义、开发、使用和维护,直到最终被废弃,要经历一个漫长的时期,这就如同一个人要经过胎儿、儿童、青年、中年和老年,直到最终死亡的漫长时期。软件经历的这个漫长的时期通常被称为生命周期。软件开发最初的工作应是问题定义,也就是确定要求解决的问题是什么;然后要进行可行性研究,决定该问题是否存在一个可行的解决办法;接下来应该进行需求分析,也就是深入、具体地了解用户的要求,在所要开发的系统(不妨称之为目标系统)必须做什么这个问题上和用户取得完全一致的看法。经过上述软件定义时期的准备工作才能进入开发时期,而在开发时期首先需要对软件进行设计(通常又分为概要设计和详细设计两个阶段），然后才能进入编写程序的阶段，程序编写完之后还必须经过大量的测试工作（需要的工作量通常占软件开发全部工作量的 40%～50%）才能最终交付使用。所以，编写程序只是软件开发过程中的一个阶段，而且在典型的软件开发工程中，编写程序所需的工作量只占软件开发全部工作量的 10%～20%。

另外，还必须认识到程序只是完整的软件产品的一个组成部分，在上述软件生命周期的每个阶段都要得出最终产品的一个或几个组成部分（这些组成部分通常以文档资料的形式存在）。也就是说，一个软件产品必须由一个完整的配置组成，软件配置主要包括程序、文档、数据等成分。必须清除只重视程序而忽视软件配置其余成分的糊涂观念。

做好软件定义时期的工作，是降低软件成本提高软件质量的关键。如果软件开发人员在定义时期没有正确、全面地理解用户需求，直到测试阶段或软件交付使用后才发现"已完成的"软件不完全符合用户的需要，这时再修改就为时晚矣。

在软件开发的不同阶段进行修改需要付出的代价差别很大。在早期引入变动，涉及的面较少，因而代价也比较低；在开发的中期，软件配置的许多成分已经完成，引入一个变动要对所有完成的配置成分都做相应的修改，不仅工作量大，而且逻辑上也更复杂，因此付出的代价剧增；在软件"已经完成"时再引入变动，当然需要付出更高的代价。根据美国一些软件公司的统计资料，在后期引入一个变动比在早期引入相同变动所需付出的代价高 2～3 个数量级。图 1-1 所示为在不同时期引入同一个变动需要付出的代价随时间变化的趋势。

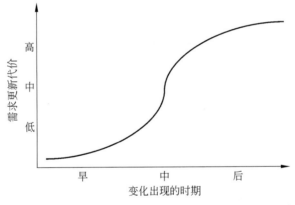

图 1-1   在不同时期引入同一个变动付出的代价随时间变化的趋势

通过上面的论述不难认识到，轻视维护是一个最大的错误。许多软件产品的使用寿命长达 10 年甚至 20 年，在这样漫长的时期中不仅必须改正使用过程中发现的每一个潜伏的错误，而且当环境变化时（如硬件或系统软件更新换代）还必须相应地修改软件以适应新的环境，特别是必须经常改进或扩充原来的软件以满足用户不断变化的需要。所有这些改动都属于维护工作，而且是在软件已经完成之后进行的，因此，维护是极端艰巨复杂的工作，需要花费很大代价。统计数据表明，实际上用于软件维护的费用占软件总费用的 55%～70%。软件工程学的一个重要目标就是提高软件的可维护性，减少软件维护的代价。

了解产生软件危机的原因，纠正错误认识，建立起关于软件开发和维护的正确概念，仅仅是解决软件危机的开始，全面解决软件危机需要采取一系列综合措施。

1.1.1.4　消除软件危机的途径

为了消除软件危机,首先应该对计算机软件有一个正确的认识。正如 1.1.1.3 节中讲过的,应该彻底清除在计算机系统早期发展阶段形成的"软件就是程序"的错误观念。一个软件必须由一个完整的配置组成。事实上,软件是程序数据及相关文档的完整集合。其中,程序是能够完成预定功能和性能的可执行的指令序列;数据是使程序能够适当地处理信息的数据结构;文档是开发、使用和维护程序所需要的图文资料。1983 年电气和电子工程师协会(Institute of Electrical and Electronics Engineers,IEEE)为软件下的定义是:计算机程序、方法、规则、相关的文档资料及在计算机上运行程序时所必需的数据。虽然表面上在这个定义中列出了软件的 5 个配置成分,但是,方法和规则通常是在文档中说明并在程序中实现的。

更重要的是,必须充分认识到软件开发不是某种个体劳动的神秘技巧,而应该是一种组织良好、管理严密、各类人员协同配合、共同完成的工程项目。必须充分吸取和借鉴人类长期以来从事各种工程项目所积累的行之有效的原理、概念、技术和方法,特别要吸取几十年来人类从事计算机硬件研究和开发的经验教训。

应该推广和使用在实践中总结出来的开发软件成功的技术和方法,并且研究探索更好、更有效的技术和方法,尽快消除在计算机系统早期发展阶段形成的一些错误概念和做法。

应该开发和使用更好的软件工具。正如机械工具可以"放大"人类的体力一样,软件工具可以"放大"人类的智力。在软件开发的每个阶段都有许多烦琐重复的工作需要做,在适当的软件工具辅助下,开发人员可以把这类工作做得既快又好。把各个阶段使用的软件工具有机地集合成一个整体,支持软件开发的全过程,称为软件工程支撑环境。

总之,为了消除软件危机,既要有技术措施、方法和工具,又要有必要的组织管理措施。软件工程正是从管理和技术两方面研究如何更好地开发和维护计算机软件的一门新兴学科。

1.1.2　软件工程

1.1.2.1　什么是软件工程

概括地说,软件工程是指导计算机软件开发和维护的工程学科。采用工程的概念、原理、技术和方法来开发与维护软件,把经过时间考验而证明正确的管理技术和当前能够得到的最好的技术方法结合起来,经济地开发出高质量的软件并有效地维护它,这就是软件工程。

下面给出软件工程的几个定义。

1983 年,IEEE 给软件工程下的定义是:软件工程是开发、运行维护和修复软件的系统方法。这个定义相当概括,它主要强调软件工程是系统方法而不是某种神秘的个人技巧。

Fairly 认为:"软件工程学是为了在成本限额以内按时完成开发和修改软件产品所需要的系统生产和维护技术及管理学科。"这个定义明确指出了软件工程的目标是在成本限额内按时完成开发和修改软件的工作,同时也指出了软件工程包含技术和管理两方面的内容。

Fritz Bauer 给出了下述定义：软件工程是为了经济地获得可靠的且能在实际机器上有效地运行的软件，而建立和使用的完善的工程化原则。这个定义不仅指出软件工程的目标是经济地开发出高质量的软件，而且强调了软件工程是一门工程学科，它应该建立并使用完善的工程化原则。

1993 年，IEEE 进一步给出了一个更全面的定义。

软件工程是：①把系统化的、规范的、可度量的途径应用于软件开发、运行和维护的过程，也就是把工程化应用于软件中；②研究①中提到的途径。

认真研究上述这些关于软件工程的定义，有助于我们建立起对软件工程这门工程学科的全面的整体性认识。

1.1.2.2　软件工程的基本原理

自从 1968 年在联邦德国召开的国际会议上正式提出并使用了"软件工程"这个术语以来，研究软件工程的专家学者们陆续提出了 100 多条关于软件工程的准则或信条。著名的软件工程专家 Barry W.Boehm 综合这些学者们的意见并总结了 TRW 公司多年来开发软件的经验，于 1983 年在一篇论文中提出了软件工程的 7 条基本原理。他认为这 7 条原理是确保软件产品质量和开发效率的最小集合。这 7 条原理是互相独立的，其中任意 6 条原理的组合都不能代替另一条原理，因此，它们是缺一不可的最小集合。然而这 7 条原理又是相当完备的，人们虽然不能用数学方法严格证明它们是一个完备的集合，但是可以证明在此之前已经提出的 100 多条软件工程原理都可以由这 7 条原理的任意组合蕴含或派生。

下面简要介绍软件工程的 7 条基本原理。

1）用分阶段的生命周期计划严格管理

有人经统计发现，在不成功的软件项目中有一半左右是由于计划不周密造成的，可见把建立完善的计划作为第 1 条基本原理是吸取了前人的教训而提出来的。在软件开发与维护的漫长生命周期中，需要完成许多性质各异的工作。这条基本原理意味着，应该把软件生命周期划分成若干个阶段，并相应地制订出切实可行的计划，然后严格按照计划对软件的开发与维护工作进行管理。Boehm 认为，在软件的整个生命周期中应该制订并严格执行 6 类计划，它们是项目概要计划、里程碑计划、项目控制计划、产品控制计划、验证计划和运行维护计划。

不同层次的管理人员都必须严格按照计划各尽其职地管理软件开发与维护工作，绝不能受客户或上级人员的影响而擅自背离预定计划。

2）坚持进行阶段评审

当时人们已经认识到，软件的质量保证工作不能等到编码阶段结束之后再进行。这样说至少有两个理由：第一，大部分错误是在编码之前造成的，如根据 Boehm 等人的统计，设计错误占软件错误的 63%，编码错误仅占 37%；第二，错误发现与改正得越晚，所需付出的代价也越高，参见图 1-1。因此，在每个阶段都进行严格的评审，以便尽早发现在软件开发过程中所犯的错误，是一条必须遵循的重要原则。

3）实行严格的产品控制

在软件开发过程中不应随意改变需求，因为改变一项需求往往需要付出较高的代价。但是，在软件开发过程中改变需求又是难免的。由于外部环境的变化，相应地改变用户需求是一种客观需要,显然不能硬性禁止客户提出改变需求的要求,而只能依靠科学的产品控制技术来顺应这种要求。也就是说,当改变需求时,为了保持软件各个配置成分的一致性,必须实行严格的产品控制,其中主要是实行基准配置管理。所谓基准配置又称为基线配置,它们是经过阶段评审后的软件配置成分(各个阶段产生的文档或程序代码)。基准配置管理也称为变动控制:一切有关修改软件的建议,特别是涉及对基准配置的修改建议,都必须按照严格的规程进行评审,获得批准以后才能实施修改。绝对不能是谁想修改软件(包括尚在开发过程中的软件),就随意进行修改。

4) 采用现代程序设计技术

从提出软件工程的概念开始,人们一直把主要精力用于研究各种新的程序设计技术。20 世纪 60 年代末提出的结构程序设计技术,已经成为公认的先进的程序设计技术。在这之后又进一步发展出各种结构分析(structured analysis,SA)与结构设计(structured design,SD)技术。近年来,面向对象技术已经在许多领域中迅速地取代了传统的结构化开发方法。实践表明,采用先进的技术不仅可以提高软件开发和维护的效率,而且可以提高软件产品的质量。

5) 结果应能清楚地审查

软件产品不同于一般的物理产品,它是看不见、摸不着的逻辑产品。软件开发人员(或开发小组)的工作进展情况可见性差,难以准确度量,从而使得软件产品的开发过程比一般产品的开发过程更难于评价和管理。为了提高软件开发过程的可见性,更好地对软件进行管理,应该根据软件开发项目的总目标及完成期限,规定开发组织的责任和产品标准,从而使所得到的结果能够被清楚地审查。

6) 开发小组的人员应该少而精

这条基本原理的含义是,软件开发小组的组成人员的素质应该好,而人数则不宜过多。开发小组人员的素质和数量,是影响软件产品质量和开发效率的重要因素。素质高的人员的开发效率比素质低的人员的开发效率可能高几倍至几十倍,而且素质高的人员所开发的软件中的错误明显少于素质低的人员所开发的软件中的错误。此外,随着开发小组人员数目的增加,因为交流情况讨论问题而造成的通信开销也急剧增加。当开发小组人员数为 N 时,可能的通信路径有 $N(N-1)/2$ 条,可见随着人数 N 的增大,通信开销将急剧增加。因此,组成少而精的开发小组是软件工程的一条基本原理。

7) 承认不断改进软件工程实践的必要性

遵循前 6 条基本原理,就能够按照当代软件工程基本原理实现软件的工程化生产。但是,仅有前 6 条原理并不能保证软件开发与维护的过程能赶上时代前进的步伐、跟上技术的不断进步,因此,Boehm 提出应该承认不断改进软件工程实践的必要性作为软件工程的第 7 条基本原理。按照这条原理,不仅要积极主动地采纳新的软件技术,而且要注意不断总结经验,如收集进度和资源耗费数据,收集出错类型和问题报告数据等。这些数据不仅可以用来评价新的软件技术的效果,而且可以用来指明必须着重开发的软件工具和应该优先研究的技术。

1.1.2.3　软件工程包含的领域

IEEE 在 2014 年发布的《软件工程知识体系指南》中将软件工程知识体系划分为以下

15个知识领域。

（1）软件需求（software requirements）。软件需求涉及软件需求的获取、分析、规格说明和确认。

（2）软件设计（software design）。软件设计定义了一个系统或组件的体系结构、组件、接口和其他特征的过程及这个过程的结果。

（3）软件构建（software construction）。软件构建指通过编码、验证、单元测试、集成测试和调试的组合，详细地创建可工作的和有意义的软件。

（4）软件测试（software testing）。软件测试是为评价、改进产品的质量、标识产品的缺陷和问题而进行的活动。

（5）软件维护（software maintenance）。软件维护指由于一个问题或改进的需要而修改代码和相关文档，进而修正现有的软件产品并保留其完整性的过程。

（6）软件配置管理（software configuration management）。软件配置管理指支持性的软件生命周期过程，它是为了系统地控制配置变更，在软件系统的整个生命周期中维持配置的完整性和可追踪性，而标识系统在不同时间点上的配置的学科。

（7）软件工程管理（software engineering management）。软件工程的管理活动建立在组织和内部基础结构管理、项目管理、度量程序的计划制订和控制三个层次上。

（8）软件工程过程（software engineering process）。软件工程过程涉及软件生命周期过程本身的定义、实现、评估、管理、变更和改进。

（9）软件工程模型和方法（software engineering models and methods）。软件工程模型特指在软件的生产与使用、退役等各个过程中的参考模型的总称，诸如需求开发模型、架构设计模型等都属于软件工程模型的范畴；软件开发方法，主要讨论软件开发各种方法及其工作模型。

（10）软件质量（software quality）。软件质量特征涉及多个方面，保证软件产品的质量是软件工程的重要目标。

（11）软件工程职业实践（software engineering professional practice）。软件工程职业实践涉及软件工程师应履行其实践承诺，使软件的需求分析、规格说明设计、开发、测试和维护成为一项有益和受人尊敬的职业；还包括团队精神和沟通技巧等内容。

（12）软件工程经济学（software engineering economics）。软件工程经济学是研究为实现特定功能需求的软件工程项目而提出的在技术方案、生产（开发）过程、产品或服务等方面所做的经济服务与论证、计算与比较的一门系统方法论学科。

（13）计算基础（computing foundations）。计算基础涉及解决问题的技巧抽象、编程基础、编程语言的基础知识、调试工具和技术、数据结构和表示、算法和复杂度、系统的基本概念、计算机的组织结构、编译基础知识、操作系统基础知识、数据库基础知识和数据管理、网络通信基础知识、并行和分布式计算基本的用户人为因素、基本的开发人员人为因素和安全的软件开发和维护等方面的内容。

（14）数学基础（mathematical foundations）。数学基础涉及集合、关系和函数，基本的逻辑、证明技巧、计算的基础知识、图和树、离散概率、有限状态机、语法、数值精度、准确性和错误、数论和代数结构等方面的内容。

（15）工程基础（engineering foundations）。工程基础涉及实验方法和实验技术、统计分析、度量工程设计,建模、模拟和建立原型,标准和影响因素分析等方面的内容。

软件工程知识体系的提出,让软件工程的内容更加清晰,也使其作为一个学科的定义和界限更加分明。

1.2 软件过程

软件工程过程是为了获得高质量软件所需要完成的一系列任务的框架,它规定了完成各项任务的工作步骤。

在完成开发任务时必须进行一些开发活动,并且使用适当的资源(人员、时间、计算机硬件、软件工具等),在过程结束时将输入(如软件需求)转化为输出(如软件产品),因此,ISO 9000 定义过程为"把输入转化为输出的一组彼此相关的资源和活动"。过程定义了运用方法的顺序、应该交付的文档资料、为保证软件质量和协调变化所需要采取的管理措施,以及标志软件开发各个阶段任务完成的里程碑。为获得高质量的软件产品,软件工程过程必须科学、合理。

本节讲述在软件生命周期全过程中应该完成的基本任务,并介绍各种常用的过程模型。

1.2.1 软件生命周期的基本任务

概括地说,软件生命周期由软件定义、软件开发和运行维护 3 个时期组成,每个时期又可进一步划分成若干个阶段。

软件定义时期的任务是确定软件开发工程必须完成的总目标;确定工程的可行性;导出实现工程目标应该采用的策略及系统必须完成的功能;估计完成该项工程需要的资源和成本,并且制订工程进度表。这个时期的工作通常又称为系统分析,由系统分析员负责完成。软件定义时期通常进一步划分为 3 个阶段,即问题定义、可行性研究和需求分析。

软件开发时期具体设计和实现在前一个时期定义的软件,它通常由下述 4 个阶段组成:概要设计、详细设计、编码和单元测试、综合测试。其中前两个阶段又称为系统设计,后两个阶段又称为系统实现。

运行维护时期的主要任务是使软件持久地满足用户的需要。具体地说,当软件在使用过程中发现错误时应该加以改正;当环境改变时应该修改软件以适应新的环境;当用户有新要求时应该及时改进软件以满足用户的新需要。通常对维护时期不再进一步划分阶段,但是每一次维护活动本质上都是一次压缩和简化了的定义和开发过程。

下面简要介绍上述各个阶段应该完成的基本任务。

1) 问题定义

问题定义阶段必须回答的关键问题是:"要解决的问题是什么。"如果不知道问题是什么就试图解决这个问题,显然是盲目的,只会白白浪费时间和金钱,最终得出的结果很可能是毫无意义的。尽管确切地定义问题的必要性是十分明显的,但是在实践中它却可能是最容易被忽视的一个步骤。

通过调研,系统分析员应该提出关于问题性质、工程目标和工程规模的书面报告,并且需要得到客户对这份报告的确认。

2）可行性研究

这个阶段要回答的关键问题是："上一个阶段所确定的问题是否有行得通的解决办法。"并非所有问题都有切实可行的解决办法，事实上，许多问题不可能在预定的系统规模或时间期限之内解决。如果问题没有可行的解，那么花费在这项工程上的任何时间、资源和经费都是无谓的浪费。

可行性研究的目的就是用最小的代价在尽可能短的时间内确定问题是否能够解决。必须记住，可行性研究的目的不是解决问题，而是确定问题是否值得去解决。要达到这个目的，不能靠主观猜想而只能靠客观分析。系统分析员必须进一步概括地了解用户的需求，并在此基础上提出若干种可能的系统实现方案，对每种方案都从技术、经济、社会因素（如法律）等方面分析其可行性，从而最终确定这项工程的可行性。

3）需求分析

这个阶段的任务仍然不是具体地解决客户的问题，而是准确地回答"目标系统必须做什么"这个问题。

虽然在可行性研究阶段已经粗略了解了用户的需求，甚至还提出了一些可行的方案，但是，可行性研究的基本目的是用较小的成本在较短的时间内确定是否存在可行的解法，因此许多细节被忽略了。然而在最终的系统中却不能遗漏任何一个微小的细节，所以可行性研究并不能代替需求分析，它实际上并没有准确地回答"系统必须做什么"这个问题。

需求分析的任务不是确定系统怎样完成它的工作，而仅仅是确定系统必须完成哪些工作，也就是对目标系统提出完整、准确、清晰和具体的要求。

用户了解他们所面对的问题，知道必须做什么，但是通常不能完整准确地表达出他们的要求，更不知道怎样利用计算机解决他们的问题；软件开发人员知道怎样用软件实现人们的要求，但是对特定用户的具体要求并不完全清楚。因此，系统分析员在需求分析阶段必须与用户密切配合，充分交流信息，以得出经过用户确认的系统需求。

这个阶段的另外一项重要任务，是用正式文档准确地记录对目标系统的需求，该文档通常称为规格说明（specification）。

4）概要设计

这个阶段的基本任务是：概括地回答"怎样实现目标系统"。概要设计又称为初步设计、逻辑设计、高层设计或总体设计。

首先，应该设计出实现目标系统的几种可能的方案。软件工程师应该用适当的表达工具描述每种可能的方案，分析每种方案的优缺点，并在充分权衡各种方利弊的基础上，推荐一个最佳方案。此外，还应该制订出实现所推荐方案的详细计划。如果客户接受所推荐的系统方案，则应该进一步完成本阶段的另一项主要任务。

上述设计工作确定了解决问题的策略及目标系统中应包含的程序。但是，对于怎样设计这些程序，软件设计的一条基本原理指出，程序应该模块化，也就是说，一个程序应该由若干个规模适中的模块按合理的层次结构组织而成。因此，概要设计的另一项主要任务就是设计程序的体系结构，也就是确定程序由哪些模块组成及模块间的关系。

5）详细设计

概要设计阶段以比较抽象的、概括的方式提出了解决问题的办法。详细设计阶段的任务就是把解法具体化，也就是回答"应该怎样具体地实现这个系统"这个关键问题。

这个阶段的任务还不是编写程序,而是设计出程序的详细规格说明。这种规格说明的作用类似于其他工程领域中工程师经常使用的工程蓝图,它们应该包含必要的细节,程序员可以根据它们写出实际的程序代码。

详细设计也称为模块设计、物理设计或低层设计。这个阶段将详细地设计每个模块,确定实现模块功能所需要的算法和数据结构。

6）编码和单元测试

这个阶段的关键任务是写出正确的,容易理解、容易维护的程序模块。

程序员应该根据目标系统的性质和实际环境,选取一种适当的高级程序设计语言(必要时用汇编语言),把详细设计的结果翻译成用选定的语言书写的程序,并且仔细测试编写出的每一个模块。

7）综合测试

这个阶段的关键任务是通过各种类型的测试(及相应的调试)使软件达到预定的要求。最基本的测试是集成测试和验收测试。所谓集成测试是根据设计的软件结构,把经过单元测试检验的模块按某种选定的策略装配起来,在装配过程中对程序进行必要的测试。所谓验收测试则是按照规格说明书的规定(通常在需求分析阶段确定),由用户(或在用户积极参加下)对目标系统进行验收。必要时还可以再通过现场测试或平行运行等方法对目标系统做进一步测试检验。为了使用户能够积极参加验收测试,并且在系统投入生产性运行以后能够正确、有效地使用这个系统,通常需要以正式的或非正式的方式对用户进行培训。通过对软件测试结果的分析可以预测软件的可靠性;反之,根据对软件可靠性的要求,也可以决定测试和调试过程可以结束的时机。应该用正式的文档资料把测试计划、详细测试方案及实际测试结果保存下来,作为软件配置的一个组成部分。

8）软件维护

维护阶段的关键任务是,通过各种必要的维护活动使系统持久地满足用户的需要。通常有 4 类维护活动:改正性维护,也就是诊断和改正在使用过程中发现的软件错误;适应性维护,即修改软件以适应环境的变化;完善性维护,即根据用户的要求改进或扩充软件使其更完善;预防性维护,即修改软件为将来的维护活动预先做准备。

虽然没有把维护阶段进一步划分成更小的阶段,但是实际上每一项维护活动都应该经过提出维护要求(或报告问题),分析维护要求,提出维护方案,审批维护方案,确定维护计划,修改软件设计,修改程序,测试程序,复查验收等一系列步骤,因此,实质上是经历了一次压缩和简化了的软件定义和开发的全过程。

每项维护活动都应该被准确地记录下来,作为正式的文档资料加以保存。我国国家标准《计算机软件开发规范》(GB 8566—1988)也把软件生命周期划分成 8 个阶段,这些阶段是:可行性研究与计划,需求分析,概要设计,详细设计,实现,组装测试,确认测试,使用和维护。其中,实现阶段即是编码与单元测试阶段,组装测试即是集成测试,确认测试即是验收测试。可见,国家标准中划分阶段的方法与前面介绍的阶段划分方法基本相同,差别仅仅是:因为问题定义的工作量很小而没有把它作为一个独立的阶段列出来;由于综合测试的工作量过大而把它分解成了两个阶段。

在实际从事软件开发工作时,软件规模种类、开发环境及开发时使用的技术方法等因素,都影响阶段的划分。事实上,承担的软件项目不同,应该完成的任务也会有差异,没有一个适用于所有软件项目的任务集合。适用于大型复杂项目的任务集合,对于小型且较简单的项目而言往往过于复杂。因此,一个科学、有效的软件工程过程应该定义一组适合所承担的项目特点的任务集合。一个任务集合通常包括一组软件工程工作任务、里程碑和应该交付的产品(软件配置成分)。

生命周期模型规定了把生命周期划分成哪些阶段及各个阶段的执行顺序,因此,也称为过程模型。

实际从事软件开发工作时应该根据所承担的项目的特点来划分阶段,但是,下述软件过程模型并不针对某个特定项目,因此,只能使用"通用的"阶段划分方法。由于瀑布模型与快速原型模型的主要区别是获取用户需求的方法不同,因此,下面在介绍生命周期模型时把"规格说明"作为一个阶段独立出来。此外,问题定义和可行性研究的主要任务是概括地了解用户的需求,为了简洁地描述软件过程,把它们都归并到需求分析中。同样,为了简单起见,把概要设计和详细设计合并在一起称为"设计"。

1.2.2　瀑布模型

1970 年,人们整理了第一个软件生命周期,即瀑布型生命周期(waterfall model)。瀑布型生命周期包括可行性分析与开发项计划、需求分析、设计(概要设计和详细设计)、编码、测试、维护等阶段。瀑布模型一直是被广泛采用的生命周期模型,现在它仍然是软件工程中应用最广泛的过程模型。图 1-2 所示为传统的瀑布模型。

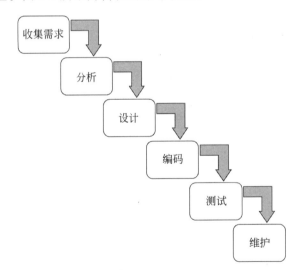

图 1-2　传统的瀑布模型

1.2.2.1　瀑布型生命周期

典型的瀑布型生命周期,有如下 6 个阶段。

1)问题的定义及规划

此阶段由软件开发方与需求方共同讨论,主要确定软件的开发目标及其可行性。

2）需求分析

在确定软件开发可行的情况下,对软件需要实现的各个功能进行详细分析。需求分析阶段是一个很重要的阶段,这一阶段做得好,将为整个软件开发项目的成功打下良好的基础。"唯一不变的是变化本身"。同样地,需求也是在整个软件开发过程中不断变化和深入的,因此我们必须制订需求变更计划来应付这种变化,以保护整个项目的顺利进行。

3）软件设计

此阶段主要根据需求分析的结果,对整个软件系统进行设计,如系统框架设计,数据库设计等。软件设计一般分为总体设计和详细设计。好的软件设计将为软件程序编写打下良好的基础。

4）程序编码

此阶段是将软件设计的结果转换成计算机可运行的程序代码。在程序编码中必须要制定统一、符合标准的编写规范,以保证程序的可读性和易维护性,提高程序的运行效率。

5）软件测试

在软件设计完成后要经过严密的测试,以发现软件在整个设计过程中存在的问题并加以纠正。整个测试过程分单元测试、组装测试及系统测试三个阶段进行。测试的方法主要有白盒测试和黑盒测试两种。在测试过程中需要建立详细的测试计划并严格按照测试计划进行测试,以减少测试的随意性。

6）运行维护

软件维护是软件生命周期中持续时间最长的阶段。在软件开发完成并投入使用后,由于多方面的原因,软件不能继续适应用户的要求。要延续软件的使用寿命,就必须对软件进行维护。软件的维护包括纠错性维护和改进性维护两个方面。

1.2.2.2　传统的瀑布模型开发软件的方式的特点

1）阶段间具有顺序性和依赖性

这个特点有两重含义：①必须等前阶段的工作完成之后,才能开始后一阶段的工作；②前一阶段的输出文档就是后一阶段的输入文档。因此,只有前一阶段的输出文档正确,后一阶段的工作才能获得正确的结果。但是,万一在生命周期某阶段发现了问题,很可能需要追溯到在它之前的一些阶段,必要时还要修改前面已经完成的文档。然而,在生命周期后期改正早期阶段造成的问题,需要付出很高的代价。这就好像水已经从瀑布顶部流泻到底部,再想使它返回到高处需要付出很大的能量一样。

2）推迟实现的观点

缺乏软件工程实践经验的软件开发人员,接到软件开发任务以后常常急于求成,总想尽早开始编写程序。但实践表明,对于规模较大的软件项目来说,编码开始得越早,最终完成开发工作所需要的时间反而越长。这是因为,前面阶段的工作没做或做得不扎实,过早地考虑进行程序实现,往往导致大量返工,有时甚至发生无法弥补的问题,带来灾难性后果。

瀑布模型在编码之前设置了系统分析与系统设计的各个阶段,分析与设计阶段的基本任务规定,在这两个阶段主要考虑目标系统的逻辑模型,不涉及软件的物理实现。

清楚地区分逻辑设计与物理设计,尽可能推迟程序的物理实现,是按照瀑布模型开发软件的一条重要的指导思想。

3）质量保证的观点

软件工程的基本目标是优质、高产。为了保证所开发软件的质量,在瀑布模型的每个阶段都应坚持两个重要做法。

(1) 每个阶段都必须完成规定的文档,没有交出合格的文档就是没有完成该阶段的任务。完整、准确的合格文档不仅是软件开发时期各类人员之间相互通信的媒介,也是运行时期对软件进行维护的重要依据。

(2) 每个阶段结束前都要对所完成的文档进行评审,以便尽早发现问题,改正错误。事实上,越是早期阶段犯下的错误,暴露出来的时间就越晚,排除故障、改正错误所需付出的代价也越高。因此,及时审查是保证软件质量、降低软件成本的重要措施。

传统的瀑布模型过于理想化。事实上,人在工作过程中不可能不犯错误。在设计阶段可能发现规格说明文档中的错误,而设计上的缺陷或错误可能在实现过程中显现出来,在综合测试阶段将发现需求分析、设计或编码阶段的许多错误。因此,实际的瀑布模型是带"反馈环"的,如图 1-3 所示(图中实线表示开发过程,虚线箭头表示维护过程)。当在后面阶段发现前面阶段的错误时,需要沿图中左侧的反馈线返回前面的阶段,修正前面阶段的产品之后再回来继续完成后面阶段的任务。

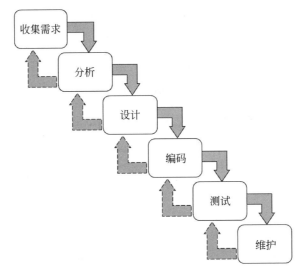

图 1-3　加入迭代过程的瀑布模型

瀑布模型有许多优点:可强迫开发人员采用规范的方法(如结构化技术);严格地规定了每个阶段必须提交的文档;要求每个阶段交出的所有产品都必须经过质量保证小组的仔细验证。

各个阶段产生的文档是维护软件产品时必不可少的,没有文档的软件几乎是不可能维护的。遵守瀑布模型的文档约束,将使软件维护变得比较容易一些。由于绝大部分软件预算都花费在软件维护上,因此,使软件变得比较容易维护就能显著降低软件预算。可以说,瀑布模型的成功在很大程度上是由于它基本上是一种文档驱动的模型。

但是,"瀑布模型是由文档驱动的"这个事实也是它的一个主要缺点。在可运行的软件产品交付给用户之前,用户只能通过文档来了解产品的概貌。但是,仅仅通过写在纸上的静态的规格说明,很难全面、正确地认识动态的软件产品。而且事实证明,一旦一个用户开始使用一个软件,在他的头脑中关于该软件应该做什么的想法就会或多或少地发生变化,这就使得最初提出的需求变得不完全适用。其实,要求用户不经过实践就提出完整准确的需求,在许多情况下都是不切实际的。总之,由于瀑布模型几乎完全依赖书面的规格说明,很可能导致最终开发出的软件产品不能真正满足用户的需要。

1.2.3 节将介绍快速原型模型,它的优点是有助于保证用户的真实需要得到满足。

1.2.3　快速原型模型

快速原型(rapid prototype)是快速建立起来的可以在计算机上运行的程序,它所能完成的功能往往是最终产品能完成的功能的一个子集。

如图 1-4 所示(图中实线箭头表示开发过程,虚线箭头表示维护过程),快速原型模型(rapid application development,RAD)的第二步是快速建立一个能反映用户主要需求的原型系统(prototype),让用户在计算机上试用它,通过实践来了解目标系统的概貌。通常,用户试用原型系统之后会提出许多修改意见,开发人员按照用户的意见快速地修改原型系统,然后再次请用户试用,一旦用户认为这个原型系统确实能完成他们所需要的工作,开发人员便可据此书写规格说明文档,根据这份文档开发出的软件可以满足用户的真实需求。

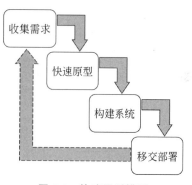

图 1-4　快速原型模型

从图 1-4 可以看出,快速原型模型是不带反馈环的,这正是这种过程模型的主要优点:软件产品的开发基本上是按线性顺序进行的。能做到基本上按线性顺序开发的主要原因如下。

(1) 原型系统已经通过与用户交互而得到验证,据此产生的规格说明文档正确地描述了用户需求,因此,在开发过程的后续阶段不会因为发现了规格说明文档的错误而进行较大的返工。

(2) 开发人员通过建立原型系统已经学到了许多东西(至少知道了"系统不应该做什么,以及怎样不去做不该做的事情"),因此,在设计和编码阶段发生错误的可能性也比较小,这自然减少了在后续阶段需要改正前面阶段所犯错误的可能性。

软件产品一旦交付给用户使用,维护便开始了。根据用户使用过程中的反馈,可能需要返回到收集需求阶段,如图 1-4 中虚线箭头所示。

快速原型的本质是"快速"。开发人员应该尽可能快地建造出原型系统,以加速软件开发过程,节约软件开发成本。原型的用途是获知用户的真正需求,一旦需求确定了,原型将被抛弃。因此,原型系统的内部结构并不重要,重要的是,必须迅速地构建原型然后根据用户意见迅速地修改原型。UNIXShell 和超文本都是广泛使用的快速原型语言。快速原型模型伴随着第四代语言(Power Builder,Informix-4GL 等)和强有力的可视化编程工具(Visual Basic,Delphi 等)的出现而成为一种流行的开发模式。

当快速原型的某个部分是利用软件工具由计算机自动生成时,可以把这部分用到最终的软件产品中。例如,用户界面通常是快速原型的一个关键部分,当使用屏幕生成程序和报表生成程序自动生成用户界面时,实际上可以把这样得到的用户界面用在最终的软件产品中。

1.2.4　增量模型

增量模型也称为渐增模型,如图 1-5 所示。使用增量模型开发软件时,把软件产品作为一系列的增量构件来设计、编码、集成和测试。每个构件由多个相互作用的模块构成,并且能够完成特定的功能。使用增量模型时,第 1 个增量构件往往实现软件的基本需求,提供最核心的功能,如使用增量模型开发字处理软件时,第 1 个增量构件可能提供基本的文件管理、编辑和文档生成功能;第 2 个增量构件提供更完善的编辑和文档生成功能;第 3 个增量构件实现拼写和语法检查功能;第 4 个增量构件完成高级的页面排版功能。把软件产品分解成增量构件时,应该使构件的规模适中,规模过大或过小都不好。最佳分解方法因软件产品特点和开发人员的习惯而异。分解时必须遵守的约束条件是:当把新构件集成到现有软件中时,所形成的产品必须是可测试的。

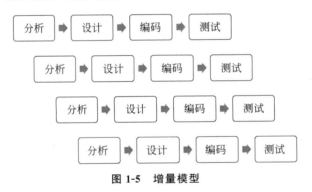

图 1-5　增量模型

采用瀑布模型或快速原型模型开发软件时,目标都是一次就把一个满足所有需求的产品提交给用户。增量模型则与之相反,它分批地逐步向用户提交产品,每次提交一个满足用户需求子集的可运行的产品。整个软件产品被分解成许多个增量构件,开发人员一个构件接一个构件地向用户提交产品。每次用户都得到一个满足部分需求的可运行的产品,直到最后一次得到满足全部需求的完整产品。从第一个构件交付之日起,用户就能做一些有用的工作。显然,能在较短时间内向用户提交可完成一些有用的工作的产品,是增量模型的一个优点。增量模型的另一个优点是,逐步增加产品功能可以使用户有较充裕的时间学习和适应新产品,从而减少一个全新的软件可能给客户组织带来的冲击。

使用增量模型的困难是,在把每个新的增量构件集成到现有软件体系结构中时,必须不破坏原来已经开发出的产品。此外,必须把软件的体系结构设计得便于按这种方式进行扩充,向现有产品中加入新构件的过程必须简单、方便。也就是说,软件体系结构必须是开放的。从长远观点看,具有开放结构的软件拥有真正的优势,这种软件的可维护性明显好于封闭结构的软件。尽管采用增量模型比采用瀑布模型和快速原型模型需要更精心的设计,但在设计阶段多付出的劳动将在维护阶段获得回报。如果一个设计非常灵活而且足够开放,足以支持增量模型,那么,这样的设计将允许在不破坏产品的情况下进行维护。事实上,使用增量模型时开发软件和扩充软件功能(完善性维护)并没有本质区别,都是向现有产品中加入新构件的过程。

从某种意义上说,增量模型本身是自相矛盾的。它一方面要求开发人员把软件看作一个整体,另一方面又要求开发人员把软件看作构件序列,每个构件本质上都独立于另一个构件。除非开发人员有足够的技术能够协调好这一明显的矛盾,否则用增量模型开发出的产品可能并不令人满意。

1.2.5　螺旋模型

软件开发几乎总要冒一定风险,例如,产品交付给用户之后用户可能不满意,到了预定的交付日期软件可能还未开发出来,实际的开发成本可能超过预算,产品完成前一些关键的开发人员可能"跳槽",产品投入市场之前竞争对手发布了一个功能相近、价格更低的软件,等等。软件风险是任何软件开发项目中都普遍存在的实际问题,项目越大,软件越复杂,承担该项目所冒的风险也越大。软件风险可能在不同程度上损害软件开发过程和软件产品质量,因此,在软件开发过程中必须及时识别和分析风险,并且采取适当措施以消除或减少风险的危害。

构建原型是一种能使某些类型的风险降至最低的方法。为了降低交付给用户的产品不能满足用户需要的风险,一种行之有效的方法是在需求分析阶段快速地构建一个原型。在后续的阶段中也可以通过构造适当的原型来降低某些技术风险。当然,原型并不能"包治百病",对于某些类型的风险(例如,聘请不到需要的专业人员或关键的技术人员在项目完成前"跳槽"),原型方法是无能为力的。

螺旋模型的基本思想是,使用原型及其他方法来尽量降低风险。理解这种模型的一个简便方法,是把它看作在每个阶段之前都增加了风险分析过程的快速原型模型,如图 1-6 所示,图中带箭头的点画线的长度代表当前累计的开发费用,螺线旋过的角度值代表开发进度。螺旋线每个周期对应一个开发阶段,每个阶段开始时(左上象限)的任务是:确定该阶段的目标、为完成这些目标选择方案及设定这些方案的约束条件。接下来的任务是:从风险角度分析上一步的工作结果,努力排除各种潜在的风险。通常用建造原型的方法来排除风险,如果风险不能排除,则停止开发工作或大幅削减项目规模,如果成功地排除了所有风险,则启动下一个开发步骤(见图 1-6 右下象限)。在这个步骤的工作过程相当于纯粹的瀑布模型。最后是评价该阶段的工作成果并计划下一个阶段的工作。

螺旋模型有许多优点:对可选方案和约束条件的强调有利于已有软件的重用,也有助于把软件质量作为软件开发的一个重要目标;减少了过多测试(浪费资金)或测试不足(产品故障多)所带来的风险,更重要的是,在螺旋模型中维护只是模型的另一个周期,在维护和开发之间并没有本质区别。

螺旋模型主要适用于内部开发的大规模软件项目。如果进行风险分析的费用接近整个

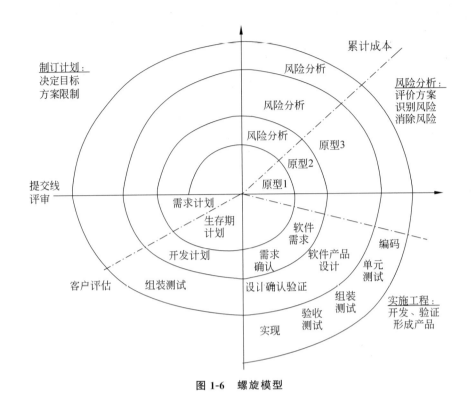

图 1-6   螺旋模型

项目的经费预算,则风险分析是不可行的。事实上,项目越大,风险也越大,因此,进行风险分析的必要性也越大。此外,只有内部开发的项目,才能在风险过大时方便地终止。

螺旋模型的主要优势在于,它是由风险驱动的;但是,这也可能是它的一个弱点。除非软件开发人员具有丰富的风险评估经验和这方面的专门知识,否则将出现真正的风险:当项目实际上正在走向灾难时,开发人员可能还认为一切正常。

1.2.6   喷泉模型

迭代是软件开发过程中普遍存在的一种内在属性。经验表明,软件过程各个阶段之间的迭代或一个阶段内各个工作步骤之间的迭代,在面向对象范型中比在结构化范型中更常见。

图 1-7 所示的喷泉模型是典型的面向对象生命周期模型。"喷泉"这个词体现了面向对象软件开发过程迭代和无缝的特性,图 1-7 中代表不同阶段的圆圈相互重叠,这明确表示两个活动之间存在交迭;而面向对象方法在概念和表示方法上的一致性,保证了各项开发活动之间的无缝过渡。事实上,用面向对象方法开发软件时,在分析、设计、编码等开发活动之间并不存在明显的边界。图 1-7 中在一个阶段内的向下箭头代表该阶段内的迭代(或求精);较小的圆圈代表维护,圆圈较小象征着采用了面向对象范型之后维护时间缩短了。

为避免使用喷泉模型开发软件时开发过程过分无序,应该把一个线性过程(例如,快速原型模型或螺旋模型中的中心垂线)作为总目标。但是,同时也应该记住,面向对象范型本身要求经常对开发活动进行迭代或求精。

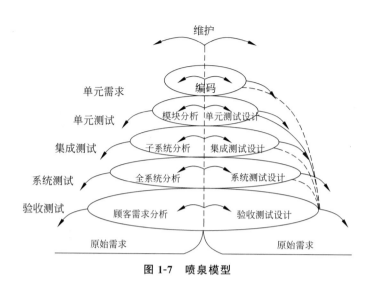

图 1-7　喷泉模型

1.2.7　Rational 统一过程

Rational 统一过程(Rational unified process,RUP)是由 Rational 软件公司(已被 IBM 并购)推出的一个软件开发过程框架。所谓软件开发过程框架指团队根据具体的项目组或软件开发企业的不同需求,能够定义、配置、定制和实施一致的软件开发过程。

通过总结经过多年实践和验证的各种软件开发最佳实践,RUP 框架提出了一组丰富的软件工程原则的指导信息。它既适用于不同规模和不同复杂度的项目,也适用于不同的开发环境和领域。

RUP 包含以下 3 个核心元素。

(1)用于成功开发软件的一组基本观念和原则。这些观念和原则是开发 RUP 的基础,包含了后面要讲述的 6 条"最佳实践"和 10 个"流程要素"。

(2)一套关于可重用方法内容和过程构建的框架。可以在这个框架之下定义自己的开发方法和过程。

(3)基础的方法和过程定义语言。这就是统一方法架构元模型(unified method architecture,UMA)。该模型提供了用于描述方法内容及过程的语言。这种新语言统一了不同方法和过程工程语言。

1.2.7.1　最佳实践

软件开发是一项团队活动。理想情况下,此类活动包括在贯穿软件生命周期的各阶段中配合默契的团队工作。此类活动既不是科学研究也不是工程设计——至少从基于确凿事实的可量化原则的角度来说不是。软件开发工作假设开发人员可以计划和创建单独片段并稍后将它们集成起来(就如同在构建桥梁或宇航飞船),经常会在截止期限、预算和用户满意度的某一方面失败。

在缺少系统的理论指导时,就必须依靠称为"最佳实践"的软件开发技术,其价值已在不同软件开发团队的多年应用中经过反复验证。RUP 的"最佳实践"描述了一个指导开发团队达成目标的迭代和递增式的软件开发过程,而不是强制规定软件项目的"计划—构建—集成"这类活动顺序。以下分别讲述 RUP 的 6 条最佳实践。

1)迭代式开发

采用传统的顺序开发方法(瀑布模型)是不可能完成客户需要的大型复杂软件系统的开发工作的。事实上,在整个软件开发过程中,客户的需求会经常改变,因此,需要有一种能够通过一系列细化、若干个渐进的反复过程而得出有效解决方案的迭代式方法。迭代式开发如图 1-8 所示。

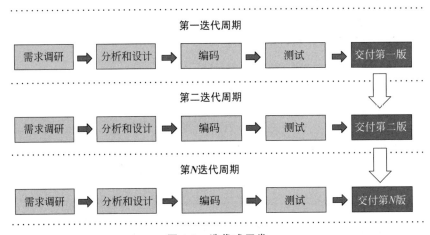

图 1-8   迭代式开发

迭代式开发允许需求在每次迭代过程中发生变化,这种开发方法通过一系列细化来加深对问题的理解,因此能更容易地容纳需求的变更。

也可以把软件开发过程看作一个风险管理过程,迭代式开发通过采用可验证的方法来减少风险。采用迭代式开发方法,每个迭代过程以完成可执行版本结束,这可以让最终用户不断地介入和提出反馈意见。同时,开发团队根据产生的结果可以频繁地进行状态检查以确保项目能按时进行。迭代式方法同样使需求、特色和日程上战略性的变化更为容易。

2)管理需求

在开发软件的过程中,客户需求将不断地发生变化,因此,确定系统的需求是一个连续的过程。RUP 描述了如何提取、组织系统的功能性需求和约束条件并把它们文档化。经验表明,使用用例和脚本是捕获功能性需求的有效方法,RUP 采用用例分析来捕获需求,并由它们驱动设计和实现。

3)使用基于组件的架构

所谓组件就是功能清晰的模块或子系统。系统可以由已经存在的、由第三方开发商提供的组件构成,因此组件使软件重用成为可能。RUP 提供了使用现有的或新开发的组件定义架构的系统化方法,从而有助于降低软件开发的复杂性,提高软件重用率。

4)可视化建模

为了更好地理解问题,人们常常采用建立问题模型的方法。所谓模型,就是为了理解事物而对事物作出的一种抽象,是对事物的一种无歧义的书面描述。由于应用领域不同,模型可以有文字、图形、数学表达式等多种形式,一般说来,使用可视化的图形更容易令人理解。

RUP 与可视化的统建模语言(unified modeling language,UML)紧密地联系在一起,在开发过程中建立起软件系统的可视化模型,可以帮助人们提高管理软件复杂性的能力。

5) 验证软件质量

某些软件不受用户欢迎的一个重要原因是其质量低下。在软件投入运行后再去查找和修改出现的问题,比在开发的早期阶段就进行这项工作需要花费更多的人力和时间。在 RUP 中,软件质量评估不再是一种事后的行为或由单独小组进行的孤立活动,而是内嵌在贯穿整个开发过程的、由全体成员参与的所有活动中。

6) 控制软件变更

在变更是不可避免的环境中,必须具有管理变更的能力,才能确保每个修改都是可接受的而且能被跟踪的。RUP 描述了如何控制、跟踪和监控修改,以确保迭代开发的成功。

1.2.7.2　RUP 的十大要素

通常我们在软件的质量和开发效率之间需要达到一个平衡。这里的关键就是我们需要了解软件过程中一些必要的元素,并且遵循某些原则来定制软件过程以满足项目的特定需求。下面讲述 RUP 的十大要素。

1) 前景:制定前景

有一个清晰的前景(vision)是开发一个满足项目干系人(stakeholder)需求的产品的关键。

前景给更详细的技术需求提供了一个高层的、有时候是合同式的基础。正像这个术语隐含的意义那样,前景是软件项目的一个清晰的、通常是高层的视图,它能在过程中被任意一个决策者或实施者借用。前景捕获了非常高层的需求和设计约束,让它的读者能够理解即将开发的系统。前景向项目审批流程提供输入信息,因此与商业理由密切相关。前景传达了有关项目的基本信息,包括为什么要进行这个项目,以及这个项目具体做什么,同时前景还是验证未来决策的标尺。

前景的内容将回答以下问题:

(1) 关键术语是什么?(词汇表)

(2) 我们要尝试解决什么问题?(问题声明)

(3) 谁是项目干系人?谁是用户?他们的需要是什么?

(4) 产品的特性是什么?

(5) 功能性需求是什么?(用例)

(6) 非功能性需求是什么?

(7) 设计约束是什么?

制定一个清晰的前景和一组让人可以理解的需求,是需求规程的基础,也是用来平衡相互竞争的项目干系人之间的优先级的一个原则。这里包括分析问题,理解项目干系人的需求,定义系统,以及管理需求变化。

2) 计划:按计划管理

产品的质量是和产品的计划息息相关的。

在 RUP 中,软件开发计划(software development plan,SDP)综合了管理项目所需的各种信息,也许会包括一些在先启阶段开发的单独的内容。SDP 必须在整个项目中被维护和更新。

SDP 定义了项目时间表(包括项目计划和迭代计划)和资源需求(资源和工具),可以根据项目进度表来跟踪项目进展。同时也指导了其他过程内容的计划:项目组织、需求管理计划、配置管理计划、问题解决计划、QA 计划、测试计划、评估计划及产品验收计划。

软件开发计划的格式远远没有计划活动本身及驱动这些活动的思想重要。正如 DwightD.Eisenhower 所说:"计划并不重要,重要的是实施计划。"

计划、风险、业务案例、架构及控制变更一起成为 RUP 中项目管理流程的要点。项目管理流程包括以下活动:构思项目、评估项目规模和风险、监测与控制项目、计划和评估每个迭代及阶段。

3)风险:降低风险并跟踪相关问题

RUP 的要点之一是在项目早期就标识并处理最大的风险。项目组标识的每个风险都应该有一个相应的缓解或解决计划。风险列表应该既作为项目活动的计划工具,又作为组织迭代的基础。

4)业务案例:检验业务案例

业务案例从业务的立场提供了确定该项目是否值得投资的必要信息。

业务案例主要用于为实现项目前景而制订经济计划。计划制订之后,业务案例就用来对项目提供的投资收益率(rate of return on investment,ROI)进行精确的评估。它能够提供项目的合理依据,并确定对项目的有关经济约束。它向经济决策者提供关于项目价值的信息,并用于确定该项目是否应继续前进。

业务案例的描述不应深挖问题的细节,而应就为什么需要该产品树立一个有说服力的论点。它必须简短,这样就容易让所有项目团队成员理解并牢记。在关键里程碑处,将重新检验业务案例,以查看预期收益和成本的估计值是否仍然准确,以及该项目是否应继续。

5)架构:设计组件架构

在 RUP 中,软件系统的架构指系统关键部件的组织或结构,组件之间通过接口交互,而组件是由一些更小的组件和接口组成的。

RUP 提供了一种设计、开发、验证架构的系统化的方法。在分析和设计流程中包括以下步骤:定义候选架构、精化架构、分析行为(用例分析)和设计组件。

要陈述和讨论软件架构,必须先定义一种架构表示法,以便描述架构的重要方面。在 RUP 中,架构由软件架构文档通过多个视图表示。每个视图都描述了某组项目干系人所关心的系统的某个方面。项目干系人有最终用户、设计人员、经理、系统工程师、系统管理员等。软件架构文档使系统架构师和其他项目组成员能够与架构相关的重大决策进行有效的交流。

6)原型:增量地构建和测试产品

RUP 是为了尽早排除问题、解决风险和问题而构建、测试和评估产品的可执行版本的一种迭代方法。

递增地构造和测试系统的组件,这是实施和测试规程及原则,通过迭代证明价值的"要素"。

7)评估:定期评估结果

顾名思义,RUP 的迭代评估审查了迭代的结果。评估得出了迭代满足需求规范的程度,同时还包括学到的教训和实施的过程改进。

根据项目的规模、风险及迭代的特点,评估可以是对演示及其结果的一条简单的记录,也可能是一个完整的、正式的测试评审记录。

这里的关键是既关注过程问题又关注产品问题。越早发现问题就能减少越多的问题。

8) 变更请求:管理并控制变更

RUP 的配置和变更管理流程的要点是当变化发生时管理和控制项目的规模,并且贯穿整个生命周期。其目的是考虑所有的涉众需求,在尽量满足需求的同时又能及时地交付合格的产品。

用户拿到产品的第一个原型后(往往在这之前就会要求变更),他们会要求变更。重要的是,变更的提出和管理过程始终保持一致。

在 RUP 中,变更请求通常用于记录与跟踪缺陷和增强功能的要求,或者对产品提出的任何其他类型的变更请求。变更请求提供了相应的手段来评估一个变更的潜在影响,同时记录就这些变更所作出的决策。他们也帮助确保所有项目组成员都能理解变更的潜在影响。

9) 用户支持:部署可用的产品

在 RUP 中,部署流程的要点是包装和交付产品,同时交付有助于最终用户学习、使用和维护产品的所有必要的材料。

项目组至少要给用户提供一个用户指南(也许是通过联机帮助的方式提供),可能还有一个安装指南和版本发布说明。

根据产品的复杂度,用户也许还需要相应的培训材料。最后,通过一个材料清单(bill of materials,BOM)清楚地记录哪些材料应该和产品一起交付。

10) 过程:采用适合项目的过程

选择适合正开发的产品类型的流程是非常必要的。即使在选定一个流程后,也不能盲目遵循这个流程,必须应用常理和经验来配置流程和工具,以满足组织和项目的需要。

1.2.7.3　RUP 生命周期

1) 核心工作流

RUP 中有 9 个核心工作流,如图 1-9 所示。其中前 6 个为核心过程工作流程,后 3 个为核心支持工作流程。下面简要地叙述各个工作流程的基本任务。

业务建模:深入了解使用目标系统的机构及其商业运作,评估目标系统对使用它的机构的影响。

需求:捕获客户的需求,并且使开发人员和用户达成对需求描述的共识。

分析与设计:把需求分析的结果转化成分析模型与设计模型。

实现:把设计模型转换成实现结果(形式化地定义代码结构;用构件实现类和对象;对开发出的构件进行单元测试;把不同实现人员开发出的模块集成为可执行的系统)。

测试:检查各子系统的交互与集成,验证所有需求是否都被正确地实现了,识别、确认缺陷并确保在软件部署之前消除缺陷。

部署:成功地生成目标系统的可运行的版本,并把软件移交给最终用户。

配置与变更管理:跟踪并维护在软件开发过程中产生的所有制品的完整性和一致性。

项目管理:提供项目管理框架,为软件开发项目制订计划、人员配备、执行和监控等方

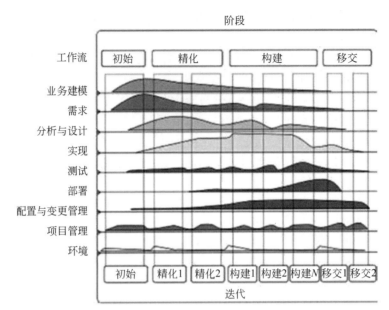

图 1-9　方法内容定义与方法内容在流程中的应用

面的实用准则,并为风险管理提供框架。

环境:向软件开发机构提供软件开发环境,包括过程管理和工具支持。

2)工作阶段

RUP 的软件生命周期按时间分成 4 个顺序阶段,每个阶段以一个主要里程碑结束;每个阶段的目标通过一次或多次迭代来完成。在每个阶段结束时执行一个评估,确定是否达到了该阶段的目标。如果评估令人满意,则允许项目进入下一个阶段。如果未能通过评估,则决策者应该作出决定,要么中止该项目,要么重做该阶段的工作。

下面简述 4 个阶段的工作目标(见图 1-10)。

先启阶段:建立业务模型,定义最终产品视图,并且确定项目的范围。

精化阶段:设计并确定系统的体系结构,制订项目计划,确定资源需求。

构建阶段:开发出所有构件和应用程序,把它们集成为客户需要的产品,并且详尽地测试所有功能。

移交阶段:把开发出的产品提交给用户使用。

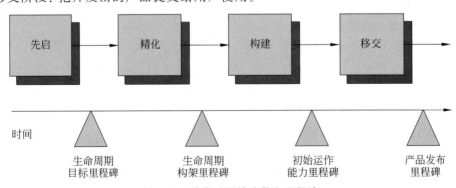

图 1-10　迭代过程的阶段和里程碑

3）RUP 迭代式开发

RUP 强调采用迭代和渐增的方式来开发软件，整个项目开发过程由多个迭代过程组成。在每次迭代中只考虑系统的一部分需求，针对这部分需求进行分析、设计、实现、测试、部署等工作，每次迭代都是在系统已完成部分的基础上进行的，每次给系统增加一些新的功能，如此循环往复地进行下去，直至完成最终项目。

事实上，RUP 重复了一系列组成软件生命周期的循环。每次循环都经历一个完整的生命周期，每次循环结束都向用户交付产品的一个可运行的版本。前面已经讲过，每个生命周期包含 4 个连续的阶段，在每个阶段结束前有一个里程碑来评估该阶段的目标是否已经实现，如果评估结果令人满意，则可以开始下一阶段的工作。

每个阶段又进一步细分为一次或多次迭代过程。项目经理根据当前迭代所处的阶段及上次迭代的结果，对核心工作流程中的活动进行适当的参见，以完成一次具体的迭代过程。在每个生命周期中都轮流访问这些核心工作流程，但是，在不同的迭代过程中是以不同的工作重点和强度对这些核心工作流程进行访问的。例如，在构件阶段的最后一次迭代过程中，可能还需要做一点需求分析工作，但是需求分析已经不像初始阶段和精化阶段的第 1 个迭代过程中那样是主要工作了，而在移交阶段的第 2 个迭代过程中，就完全没有需求分析工作了。同样，在精化阶段的第 2 个迭代过程及构件阶段中，主要工作是实现，而在移交阶段的第 2 个迭代过程中，实现工作已经很少了。

1.3　软件过程在软件质量管理中的意义

1.3.1　软件过程的定义

软件过程指软件生存周期中的一系列相关过程，是将用户需求转化为可执行系统的演化过程所进行的软件工程活动的全体，是用于生产软件产品的工具、方法和实践的集合。值得提出的是，软件过程中的“过程”是创建一个产品或完成某些任务的一种系统化的方法和工作过程，其执行者不再仅仅是计算机，而经常是由具体承担任务的软件开发人员使用给定的开发工具来执行，它甚至可以是一个无法在计算机上运行的过程，完全由人工或人工借助计算机以外的工具来完成。软件过程是关系复杂的软件活动的集合，各活动之间有着严格、密切的关系。有的是异步并行的，有的互为条件，因此实际的软件过程中的软件活动存在复杂的网状关系。如何正确、有效地对软件活动进行管理成为软件过程管理的一个很重要的方面。

软件过程是改进软件质量和组织性能的主要因素之一。Dowson 曾指出：“软件产品质量在很大程度上依赖软件过程，尤其是大规模的软件开发更是如此。”因此，不少软件开发企业力图通过改进开发过程来改善软件产品的质量，提高软件生产率、缩短产品的开发时间，从而增加企业的竞争力和效益。

1.3.2　软件过程描述

软件过程描述通过某种形式化的手段对软件开发过程加以系统、严格的描述，为软件开发人员提供一个标准的、无歧义的软件开发规范,并以此为基础辅助和指导开发人员的工作,同时对实际的软件开发过程进行监督和控制,从而保证软件产品的质量和软件生产率。通过过程描述所表示的过程模型可以看作软件开发过程的脚本,它指导开发者按照严格工程化的方法一步步地进行开发工作,软件则是依据过程描述进行的一系列软件过程活动的产品。软件过程描述与软件过程之间的关系类似于程序和进程之间的关系,软件过程是软件过程描述的动态执行,而其如何执行则是由过程描述所决定的。软件过程描述是面向过程软件开发环境的基础,因此它历来是软件过程研究的一个重点。

1987 年,Leno Osterweil 提出的"软件过程描述也是软件"思想对后来的过程描述语言产生了极其深远的影响,因为过程描述语言是用以描述一个信息产品系统化开发或修改的方法。该描述也可以使用编译或解释执行的某种程序语言进行编写。所进行的描述本身是可执行的。从这一点出发,它类似于通常的程序,所以过程描述实际上也可以称为过程程序。

1.3.3 软件过程管理

软件过程指软件生存周期所涉及的一系列相关过程。过程是活动的集合;活动是任务的集合;任务要起到把输入进行加工然后输出的作用。活动的执行可以是顺序的、重复的、并行的、嵌套的或者是有条件地引发的。软件过程主要针对软件生产和管理进行研究。图 1-11 描述了软件过程和软件项目管理的关系。软件开发包含软件过程执行和项目计划执行。软件过程确保了需求的实现和项目结果,最终提交出合格的产品。

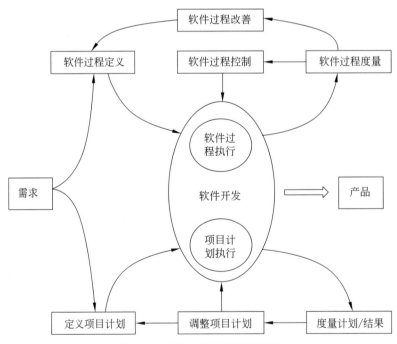

图 1-11　软件全面质量管理模型

从软件过程管理来看,合理的软件过程管理主要包括以下几个方面。

(1)关注可执行的程序或者系统:大多数软件项目管理表明,软件开发过程中需要各种各样的文档。但是过于关注文档,或者留下一堆文档,我们会发现软件依然有客户难以容忍的"漏洞"(bug),需要不断地打补丁来解决异常数据问题。从结果来看,软件质量是由执行的程序或系统来展现的。关注执行的程序或系统才是解决问题的核心。

(2)一开始就充分暴露风险并及时解决:软件项目有各种各样的风险,有进度、成本、客户需求不断变更、人员不稳定等风险。因此应三思而后行。只有当目标和方向确定,充分考虑存在的风险并提出解决办法之后,才能成功。

(3)软件质量要每时每刻都能够得到验证:在软件项目过程中,通常通过最终用户的测试来把关软件质量。但是最终客户经常关注软件功能,并不知道运行过程中产生的"bug"和其他问题对整个系统的影响。所以在提交软件产品的过程中,不能到最后才来验证软件质量。

(4)需求的代码要能无缝链接:软件项目管理最常提到的是需求的管理,满足了客户的需求也可以看成提交了合格的软件产品。但客户有的需求是隐性的,有时客户不一定知道他们具体需要的是什么。造成明明是按照客户要求开发出来的代码却不能满足客户需求的后果。如果需求和代码是个非常复杂的跟踪关系矩阵,那么软件质量就很难得到保证。

(5)软件在面对变更时很"健壮":变更无所不在,除非是通用的软件。客户的个性化需求是非常多的。不同的客户有不同的需求。面对软件需求的变更,软件要在架构上灵活、"健壮"。首先一定是基于组件的,其次还要符合迭代开发、用例驱动开发和以架构为中心。同时可维护性也是非常关键的。总之,在我们追求最佳软件质量的过程中,合理的软件过程管理是软件质量的基础。要把软件项目管理建立在牢固的基础上,才能交付满足客户需求和可维护的软件产品,也就是合格的软件产品。

1.4　本章小结

软件过程是为了获得高质量软件产品所需要完成的一系列任务框架,它规定了完成各项任务的工作步骤。软件过程必须科学、合理,才能开发出高质量的软件产品。

按照在软件生命周期全过程中应完成的任务的性质,在概念上可以把软件生命周期划分成问题定义、可行性研究、需求分析、概要设计、详细设计、编码和单元测试、综合测试及维护 8 个阶段。实际从事软件开发工作时,软件规模、种类、开发环境使用的技术方法等因素,都影响阶段的划分,因此,一个科学、有效的软件过程应该定义一组适合所承担的项目特点的任务集合。

生命周期模型(软件过程模型)规定了把生命周期划分成的阶段及各个阶段的执行顺序。本章介绍了 5 类典型的软件生命周期模型。

瀑布模型历史悠久、广为人知,它的优势在于其是规范的、文档驱动的方法。这种模型的问题是,最终交付的产品可能不是用户真正需要的。

快速原型模型正是为了克服瀑布模型的缺点而提出来的。它通过快速构建起一个可运行的原型系统,让用户试用原型并收集用户反馈意见的办法,来获取用户的真实需求。

增量模型具有能在软件开发的早期阶段使投资获得明显回报和易于维护的优点。但是,要求软件具有开放结构是使用这种模型时固有的困难。

风险驱动的螺旋模型适用于大规模的内部开发项目,但是,只有在开发人员具有风险分析和排除风险的经验及专门知识时,使用这种模型才会获得成功。

当使用面向对象范型开发软件时,软件生命周期必须是循环的。也就是说,软件过程必须支持反馈和迭代。喷泉模型是一种典型的适合于面向对象范型的过程模型。

能力成熟度模型(CMM)是改进软件过程的一种策略。它的基本思想是,因为问题是由管理软件过程的不恰当方法引起的,所以运用新软件技术并不会自动提高软件生产率和软件质量,应当下大力气改进对软件过程的管理。

对软件过程的改进不可能一蹴而就,因此,CMM 以增量方式逐步引入变化,它明确地定义了 5 个不同的成熟度等级,一个软件开发组织可用一系列小的改良性步骤迈入更高的成熟度等级。

每个软件开发组织都应该选择适合本组织及所要开发的软件特点的软件生命周期模型。这样的模型应该把各种生命周期模型的合适特性有机地结合起来,以便尽量减少它们的缺点,充分利用它们的优点。

为了突出软件质量的各个指标,满足用户对软件的实际需求,进而发挥软件的作用,可借助软件质量管理,实现对软件开发、研究和设计等内容的控制,从而避免各类外界因素对软件质量造成不利影响。进而推动软件的功能性、效率性、可用性和可靠性等指标均符合软件的质量需求,满足人类的实际需要。软件质量管理可以结合用户的基本需求,加强对软件系统需求和质量标准等的控制,并保障在具体软件开发过程中,可以按照相应标准展开对软件的质量控制,从而减少软件质量问题的产生。由此可见,借助软件质量管理,可增加软件开发研究企业的效益与价值,是推动软件研发持续健康发展的基础。

第 2 章

软件需求管理

需求是系统服务或约束的陈述。完整、正确、稳定和文档化的软件需求是软件开发的基础。然而,在实际的项目中,期望在项目开始阶段就获得稳定的需求是不现实的。许多软件系统的开发是开创性的,面对全新的系统,无论是用户还是开发人员都缺乏完整、准确的认识,随着项目的进行,用户需求才越来越清楚。同时,随着对软件应用需求的日益迫切,激烈的市场竞争带来软件开发窗口的缩小,软件开发不可能等到软件需求完全固化的情况下进行,从而导致软件需求在整个开发过程中处于不断调整和完善的状态,因此,需求的管理是软件质量管理中需要解决的一个关键问题。

2.1 软件需求的层次与要求

软件需求一般可以分为三个不同的层次,包括业务需求、用户需求和功能需求。此外,每个系统还有一些非功能需求,如性能需求、约束等。

(1)业务需求。业务需求通常来源于产品的策划部门、实际用户的管理者或者项目的投资者,它描述了为什么要开始这样一个软件项目,即组织或客户高层想要达到什么目标。

(2)用户需求。用户需求描述了用户的目标,即实际用户用产品可以实现的任务。

(3)功能需求。功能需求是从开发者的角度规定了开发者必须在产品中实现的功能。软件需求规格说明的编写完成意味着功能需求的建立。当软件需求规格说明经过确认和评审后,需求基线正式确立。

(4)性能需求。性能需求指的是软件系统应达到的技术指标,是对产品的功能描述做的补充。这些技术指标一般包括可用性、可移植性、效率、可靠性和可维护性等。

(5)约束。约束指的是限制了开发人员设计和构建系统时的选择范围,如开发语言、使用的数据库等。

在理想的情况下,每一条业务需求、用户需求和功能需求的描述都应该具备以下特点。

(1)完整性。每一项需求都必须完整地描述可交付使用的功能,它必须包含开发人员设计和实现这项功能需要的所有信息。

(2)正确性。每一项需求都必须准确地描述将要开发的功能。如果某一项软件需求与其相对应的系统需求发生了冲突就是不正确的。

(3)可行性。需求必须可以在系统及其运行环境的抑制能力和约束条件内实现。

(4)必要性。每一项需求记录的功能都必须是用户真正需要的,或者是为符合外部系统需求或某一标准而必须具备的功能。对于每项需求都必须可以追溯至特定的客户需求的来源。

（5）有优先次序。为每一项功能需求、特性或用例指定一个实现的优先次序,以表明他在产品的某一版本中的重要程度。

（6）无歧义。一项需求描述对所有读者应该只有一种一致的解释,然而用自然语言描述需求却极易产生歧义。

（7）可验证性。如果某些需求不可验证,那么判定其实现的正确与否就不是客观分析,而是主观论断。不完备、不一致、有歧义或不可行的需求也是不可验证的。

软件需求规格说明中所包含的整体性需求还必须具有以下特征。

（1）完整性。不能遗漏任何需求或者必要的信息。

（2）一致性。需求的一致性指需求不会与同一类型的其他需求或更高层次的业务、系统或用户需求发生冲突。

（3）可修改性。必须能够对软件需求规格说明作必要的修订,并可以维护每项需求的历史记录。

（4）可跟踪性。需求必须可以跟踪,这样才能找到它的来源、它对应的设计单元、实现它的源代码及用于验证其是否被正确实现的测试用例。

2.2　软件需求工程

对软件需求的工程化方法的实践和研究,导致软件工程的一个子领域——需求工程(requirement engineering)逐渐形成。并且,人们逐渐认识到对软件需求的分析活动不仅限于软件产品开发初期,而是贯穿整个软件生存周期。

通常在需求工程过程中,需求的获取、分析、规约和验证活动统称为需求开发部分。需求的管理活动,又分为需求确认、需求变更、需求评审和需求跟踪几个子活动,如图 2-1 所示。

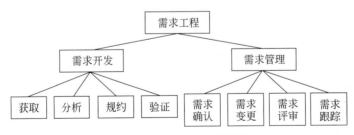

图 2-1　需求工程活动分解

狭义的需求管理并不包括需求的收集和分析,而是认为需求已经明确,仅对其进行管理。广义的需求管理应包括用户需求的收集、分析和验证等内容。

需求开发过程关注的是如何产生、分析和确认用户需求、产品需求和产品构件需求。这些需求说明相关人员的需要,包括与产品生命周期各阶段及产品属性有关的需求,也包括因选择某技术解决方案而产生的限制条件。产品生命周期的各个阶段需要进行标识以细化需求。除用户需求外,选定的解决方案也可派生出产品及产品构件需求。

需求管理过程的目标是管理产品和产品构件的需求,并识别需求与项目计划及工作产品的不一致之处。需求管理的意义在于使产品的目标可以满足其责任人和用户的需求,当需求发生变更时,要对计划和受影响的工作产品进行及时调整,保持一致性。具体化就是:

(1) 从被认可的需求提供者那里收集需求,并与他们共同评审,以便在将需求纳入项目计划之前,解决不明确的问题并排除误解。

(2) 一旦需求提供者和需求接收者达成了协议,就可以从项目参与者那里获得对需求的承诺。

(3) 随着项目进展,当计划、工作产品和需求之间出现不一致时,要更改需求或更改计划。

(4) 需求管理要将需求的变更及其变更的理由文档化,并维持源需求与所有产品和产品构件的需求之间的双向可跟踪性。

需求管理是分析问题、获取用户需求并将需求进行固化和确认的一个管理活动,其过程是使用户与开发团队对需求达成一致的过程,并作为对需求变更进行管理的一个手段,在软件开发管理中起着积极的作用。

需求管理的目的是使用户对系统的期望和要求是合理的,需求管理应使用户方和实施方对这种期望和要求的内容建立共识并可进行维护。需求管理有如下两个目标:一是规范控制相关需求,为软件系统的范围确立基线。二是通过管理手段来保持软件开发工作与用户需求一致。要实现上述两个目标就必须在需求管理层面做到需求的跟踪管理、需求变更的管理。此外,CMM 还制定了几个关键实践域,执行约定、执行能为、执行活动、测量和分析、验证执行,来达到这两个目标。需求管理严格来说属于需求工程的具体分支,在现代工程及软件实施需求管理中发挥着越来越重要的作用。在各类规范标准中,需求管理都有具体的描述。

对于软件项目而言,其需求的不确定性、二义性等已经成为整个项目的主要风险之一,项目可以开展的重要基础是确定好的需求。系统和软件工程词汇表从系统外部行为、内部特性及文档化要求各个方面描述了需求的定义:用户为解决某个问题或达到某个目标而需具备的条件或能为;系统或系统组件为符合合同、标准、规范或其他正式文档而必须满足的条件或者具备的能力;上述第一项或第二项中定义的条件和能力的文档表达。需求是将用户解决问题的意向和想法经过不断的完善和分析形成可以转化成计算机软件系统的模型,通常具有很大的模糊性和不确定性,一般来说通过标准化规范文档来对需求提出方和开发方进行约束,但文档也可随着深入沟通和交流有条件地变更。一般将需求的相关活动分为需求开发和需求管理。需求开发主要是通过编写代码等方式将用户的需求形成信息系统并通过测试验证确保系统能够正常使用。

需求管理的目的是通过一系列方法将用户的需求充分挖掘,使用户和开发团队之间达成对需求的共同理解与确认,并应该在整个软件生命周期中对需求变更和需求跟踪进行有效的管理。

因此软件需求管理是一项能将需求提取、组织并形成文档化的系统方法,是在出现变更需求时能够将相关干系人对变更范围、目的、影响保持一致的过程。需求管理主要包括需求获取、需求确认、需求状态跟踪、需求变更管理等工作环节,是软件开发过程中控制和维持需求约定的主要活动。

2.3　需求开发

需求开发过程指从情况收集、分析和评价到编写文档等一系列产生需求的复杂活动,主要分为用户需求获取、需求分析、需求规约和需求验证等过程。这几个阶段不一定是遵循线性顺序进行的,其中的活动经常是相互穿插和反复交互的。

2.3.1　需求获取

需求的获取是需求分析人员与系统用户一起工作以明确用户需求的过程。一个软件开发部门的业务分析人员要和业务部门的领导、主管、业务人员进行访谈和讨论,从而在宏观上把握需求,同时逐步了解客户需要及业务流程,与业务人员通过不断的交流沟通对项目需求达成一致。

对于开发工程团队来说,应该利用需求获取来理解用户需要通过软件系统做些什么,并在修改后向用户提供建议。改进有关的问题和要求,逐步实现用户使用软件的目的,并在使用过程中逐步采用相关的方法和工具,以满足用户的实际需要。

捕获需求的方法有很多种,需要在理解用户单位的组织结构的前提下与用户就需求问题进行交流。需求捕获的成败在于需求分析人员能否快速理解用户业务的痛点和需求提出的初衷,获取过程必须遵循由表及内、层层分析的原则,将整个需求流程了解清楚后再针对细节做持续沟通。捕获是个科学性的过程,捕获的方法主要有:用户访谈、问卷调查、供应商交流、同业调研、现场观摩和专题讨论,上述方法均有适合自己的应用场景和缺陷,在实际运用中必须结合需求的现实情况进行选择和组合搭配。

(1)同业调研

同业调研是公司开发重大项目时常用的一种需求获取的方法,开发部门与业务部门一同通过对有先进经验的同业进行可行性与应用性调研,了解吸收其经验教训,减少在系统规划期间的风险,通过衡量自身的情况快速选择适合的方案。

对于同业调研而言,不一定都选择行业领先的公司,与本公司处于相同发展阶段的公司同样也要积极加入拜访行程中,在了解同业优秀公司的同时再了解其他公司面临的困难和计划的解决思路,这样对自身方案的设计规划有着极强的借鉴作用。调研时要与相关公司的领导从宏观层面了解情况用于建立整体的概念,也要深入基层一线了解他们对相关问题的看法,必要时可以用户问卷调查的方式收集相关资料。调研前需要做好相关准备工作明确调研的目的、关注点、需要调研人的角色等内容。调研后要及时整理相关资料,最好能形成调研报告,调研报告中需要特别指出哪些调研拜访结果可能与实际情况不符,形成客观有效的资料用于公司项目决策的重要参考。

(2)用户访谈

用户访谈是最基本、最常用的技术,是需求捕获的一项重要方法。它非常适合用于公司内部系统的开发工作,可以与目标用户面对面地进行有效沟通,通过访谈的方式将双方最关心的内容进行深入交流,使需求沟通人员能直观地感受到问题最核心的部分。但用户访谈需要占用双方比较长的时间,而且在需求访谈之前双方应提前做一定准备,才能加强现场访谈的效果。其缺陷在于因访谈用户有限而受单一用户信息提供的影响较大。除此之外,用户访谈还有其他缺陷需要实际操作时进行逐一发现解决。用户访谈最好要与其他方法进行结合使用才能发挥更大的作用。

需求获取人员与用户常常存在知识结构不一致的问题,对于相关术语和知识的存在不同的理解,对专业部分极易交流困难形成理解偏差,这就需要与用户所属机构的资深人士或相关领域专家进行有效交流来弥补。访谈者不要预设立场和答案,否则会在实际访谈过程中出现有诱导性的谈话内容,导致获取错误的信息。访谈时间极易因为被访谈者的工作等原因被极度压缩,导致相较预想的效果大打折扣。

（3）专题讨论

专题讨论是在获取需求及需求沟通阶段非常重要的一个沟通方法,其可以将所有干系人和开发人员聚集在一起,共同讨论设定好的议题。它的目的在于可以使各干系人充分共享资源和各自的关键信息,在明确的议题范围下讨论解决方案、快速达成共识,对相关分歧也可以准确记录。

专题讨论应用范围很广,在需求管理的实际应用中,专题讨论在日常需求管理和项目需求管理中起到了很大的作用。在日常需求管理中,专题讨论针对版本内的需求方案采用统一会议的方式来进行评估,如果需求文档完善,则需求分析人员可以组织一同讨论分析,如在评估过程中发现需求文档有不完善的情况可以组织业务部门人员参与评估。在实际应用中,这种方式比较普遍而且对需求评估分析的效果起到了良好的沟通确认作用。在项目建设过程中,专题讨论用于项目建设的多个节点,基本贯穿项目需求管理的全过程。

专题讨论也有其缺陷,即涉及人数较多时,不容易控制会谈范围,需要主持人时刻关注讨论范围,及时中止不相干讨论,控制整个讨论的节奏与氛围。特别是在进行项目专题讨论时,必须避免讨论范围的增加和对具体开发设计细节的过度关注,对于会议上不能确定的内容要记录下来不作过多讨论,这样才可以控制整个会议的时长,增加讨论效率。

专题讨论分为以下步骤:会前准备、会中控制并记录、会后总结确认。在专题讨论会开始前,应确认好参会人员,并将会议议题等相关内容提前发给各参会人员,便于参会人员提前思考和准备自身材料并将有关想法和方案及时请示领导。会议进行时必须指定专门的会议记录人员,用于记录会议形成的一致决议和分歧,主持人应对各内容时间和讨论规则作好预先设定并宣导,及时控制会议讨论范围,调动会议气氛。会议结束后,会议记录人员应及时编写会议纪要,会议纪要应对阶段性意见进行精简总结,删除不具可行性的意见和建议,并着重对会议分歧进行具体描述以便后续再讨论一致的解决意见。会议记录人员应将会议纪要发给参会人员确认,根据反馈意见修改后发出最终版的会议纪要并抄送相关领导,作为需求沟通中有约束效力的文档存档。

2.3.2　需求分析

从用户处获取的原始需求,还需要对其进行进一步的分析和整理,对其分散获取的各项具体建立逻辑关系,明确软件类的需求,并对其进行分类,确定其需求的优先级和重要程度等。主要的需求分析方法如下。

（1）结构化分析方法的主要特点是"自顶向下、逐层分解"，利用图形、表格等描述方式表达需求，对需求问题进行分析，具体采用的工具有：Data FlowDiagram、Data Dictionary、E-R 图、判定表和判定树、结构化语言。

总体上看，结构化分析方法是一种强烈依赖数据流图的自上而下的建模方法，在具体的项目中，结构化分析方法的具体操作方式如下：①建立系统的物理模型；②建立系统的逻辑模型；③划清人机界限。

（2）基于用例的分析方法，主要由成熟度高、规模大和分工明确的开发公司采用，针对大型的软件项目，开发方会根据获取的需求来形成可视化的程序实例，模拟出系统的各项功能、使用流程和数据项，建立可供需求分析的用例模型。

使用用例分析方法时可遵循以下步骤：①界定系统使用者；②分析整理需求形成用例；③形成用例图；④对用例进行详细描述。

2.3.3　需求规约

需求规约是以规约化的方式将获取和分析后的需求转化为软件需求规格说明书的过程。

规格说明书需要参与描述用户需求和系统需求的过程。它不仅要反映用户的实际需求，而且要尽量用基本的词汇，简明扼要，在保证其中的整体性、操作性及验证性的基础上用简单的问题来表达。

编写规格说明是清楚、准确地编写用户需要和约束文档的过程，它是最终用户和开发机构之间的技术合同书，是开发者开发软件系统的依据，也是最终用户验收软件系统的依据。

编写需求规格说明书应确保需求的完整性、一致性、正确性、无二义性、易于追溯、可测试性及可行性。

2.3.4　需求验证

需求验证是需求开发过程中的最后一部分，需求验证所包括的活动是为了确定以下几方面的内容：

（1）软件需求规格说明正确描述了预期的系统行为和特征；

（2）需求的完整性和高质量；

（3）需求的一致性；

（4）软件的需求分析，为接下来的功能说明书和系统详细设计及测试提供了基础。

需求验证过程中，技术人员和业务人员需与客户方面的决策共同进行工作，其主要目的是确保对需求进行审查，并通过这些要求充分体现质量特性。第一，让用户明确 SRS 是否能够完整地描述他们的需求。第二，根据相关文件，验证内容通常包括审查 SRS，以确认不仅需要提交相关要求的人员，还需要分析员和测试员，以及需要修改控制用户的一般需求。第三，确保检测范围，产品批准标准和其他许多方面都是完全符合用户需求的。

需求验证一般通过评审或测试的方式进行，使获取的需求得到相关人员（应用系统的使用者、应用系统的直接验收者、高层经理、项目经理、业务专家、产品经理、项目组成员、测试人员等)的共识,这种共识是建立在相关人员反复沟通的基础上的。作为需求开发成果的需求规格说明书应具有正确性、无二义性、完整性、可验证性、一致性、可修改性、可跟踪性,注释合理适用,让非计算机人员能够理解。

需求开发过程中还没有形成任何软件,不可能进行任何实质的软件测试,但是可以在软件开发组设计编码之前,以需求为基础建立概念性的测试用例,并使用这些例子来发现软件规格说明书中的错误、二义性,以及是否有遗漏等。

2.4 需求管理

需求管理包括需求的确认、变更、评审和跟踪几个过程。

2.4.1 需求确认

常见的方式是通过召开需求确认会议来对需求进行交流沟通和确认,通常由全体项目利益相关方参加,共同探讨,对项目的需求达成共识。

在需求确认会议上,一定要先针对全局性的问题进行交流,千万不要针对部分人感兴趣的问题进行长时间讨论,然后再对根据原型法得到的需求规格说明书中的内容、差异逐一审核,业务人员通过对项目需求的讲解,对需求可行性的分析,需求优先级的确认等,最终与开发人员达成一致,并且要进行书面确认。

软件项目需求确认的最终书面确认,是需求管理的重要环节,为项目开发过程中的需求变更管理提供了依据。

2.4.2 需求变更

客户需求在项目执行过程中虽然会一直存在,但不一定是绝对的,因此我们需要考虑到如何管理需求的变化而对用户需求进行适当更改,控制和管理。首先,需要根据必须给予满足的需求做一些会影响到整个项目正常交付的重要的变更。另外,也可以做一个不会影响系统交付的改良性变更,但如果用户不满意,则整个项目的价值将会改变。

由于需求分析不全、业务需求不断增加和变更、需求不清楚等原因,需求在项目的整个生命周期都会不可避免地发生变化。需求管理是软件项目开发过程中控制和维持需求约定的活动,包括变更控制、版本控制、需求跟踪和需求状态跟踪等工作。项目业务需求的变更是影响项目进度的主要因素,一定要严格控制变更,避免无限制地进行需求变更。

在项目开发过程中,要做好应对需求变化的准备,需求管理的方法主要有以下几点。

(1)建立需求变更控制流程。制定一个选择、分析和决策需求变更的过程,所有的需求变更都要遵循此过程。

(2)进行需求变更影响分析。要及时召集业务人员和开发人员,对项目的需求变更所带来的影响进行分析,明确变更相关模块的工作量,从而帮助需求变更控制部门做出更适当的决策。

（3）建立需求控制文档。以确定的《软件需求规格说明书》为前提，之后的需求变更要遵循变更控制过程，新的版本以前面版本为基础，要避免两个版本的混淆，确保需求的一致性。

（4）维护需求变更历史记录。要求用户填写变更申请单发送给项目配置管理员，再通过配置员转交质保小组，负责组织专家小组和项目组成员一起讨论实施变更的可行性及实施后带来的影响。

（5）跟踪需求状态。要保存每项需求的状态，以便于管理控制。从整体上把握每个需求的进度。

（6）保持需求稳定性。过多的需求变更会给项目的进度造成不小的麻烦，往往会导致银行软件项目的延期，对于无法实现或是变更会带来巨大影响而将导致的进度延期，这时，我们可以将变更报告提交给用户或邀请用户进行协调会议，讨论变更取舍问题或是项目进度变更问题。在项目的后期和项目完成时间不可更改时，要冻结需求，以保证项目顺利完成，而需要新增的功能可以留待下一个版本完善。

（7）决定变更之后，由项目经理组织实施变更，测试人员检测变更结果，而质保小组成员监督变更实施过程并协助配置管理员对变更后的成果进行版本控制。变更实施完后，上线前还需要指定人员协助用户一同测试并由用户签字同意后方可上线。

版本的控制一直存在于包括软件本身和相关文件的跟踪记录软件开发的过程中。按照版本控制的要求，可以确保集中地管理空间中的配置项并解决相关的问题，这将导致版本具有特定的可回溯性，开发团队可以以此为基础进行研发以提高开发效率。版本控制是一种固有的需求手段，也是提高开发效率的根本。

2.4.3　需求评审

需求评审的目的有两个，一是提供机会给开发人员和业务人员进行沟通，使双方通过沟通减少对需求不一致的理解；二是双方人员对需求达成共同理解或对认可的部分需要进行承诺。需求的评审可以分为正式评审和非正式评审。

需求的非正式评审是需求开发过程中最常进行的一种活动。当开发人员利用业务流程图和状态转换图来展现业务的流程时，需要多次与业务人员沟通这些模型是否真实地反映了用户需求，请业务人员为模型的正确性进行评估。

正式的评审活动通常是通过召开评审会议来进行的。需求评审会议主要是对软件规格说明进行的一次确认活动。

会议是项目进行过程中一种重要的沟通方式。为了保证评审会议高效、有序地进行，需要考虑以下几个因素。

（1）明确与会人员的职责分工。需求评审的目的是鉴别出不完整的、错误的、遗漏的或多余的功能需求，以及这些需求是否已经被正确且清晰、无歧义地阐述，它们之间是否相互一致、没有矛盾。如果在评审会议之前不对与会人员的职责进行明确，则更多的注意力将集中到流程的讨论上，从而往往导致忽略了需求是否被正确且清晰、无歧义地阐述。

项目评审会议各方职责如下：

① 作者，即软件需求规格说明的编写者，在审查会议中主要听取其他参与人员对软件需求规格说明的评论，就他人的疑问作出回答，但不参与讨论。

② 决策者为项目领导,负责鉴别出不完整的、错误的、遗漏的或多余的功能需求。

③ 使用者为参与项目编码的人员,负责查看软件需求规格说明是否存在语意不清或者无法理解的描述。

④ 记录者则需要在会议进行中及时记录审查过程中提出的问题及缺陷,并在会议结束时,向与会人员复述记录的内容,使参与人员将精力集中到评审上而且有利于保证抓住问题的本质,以便准确地向作者传达会议评审结果。

(2) 抓住主次,突出评审重点。在评审会议中,各部门的决策者首次参与到项目中,而决策者对项目需求评审的重视程度是项目评审能否顺利开展的关键。因此要抓住决策者最迫切关心的主要问题作为会议讨论的重点。当决策者认识到项目评审的重要性时,需求评审的工作在进程上就有了保障。

(3) 建立良好的评审沟通氛围。评审过程中沟通氛围的好坏直接关系到需求基线的质量,因此建立一个良好的沟通氛围、处理好软件使用方与开发方的关系显得尤其重要。在评审的过程中,难免会因功能的实现发生一些意见分歧,应尽量避免发生争执,从产品应用的角度,找出分歧的解决方式。

围绕需求进行管理最重要的依据就是需求基线,即软件需求规格说明。而软件需求规格说明就是在评审会议中确定的。评审会议是很容易发现问题的一种形式。开发人员和业务人员在进行需求讨论时,更多关注的是业务流程的讨论,而参与的决策者可以从管理、风险的角度给出建议,这些很可能是开发人员考虑不到的。与会人员共同审阅一份文档,易于发现软件需求规格说明中描述不清的、有歧义的,以及存在潜在缺陷的地方。需求评审会议既是对项目阶段工作成果的校验也是对工作结果的一种肯定。

2.4.4　需求跟踪

需求跟踪的目的是通过需求的双向跟踪控制软件需求变化的每个状态。双向跟踪包括正向跟踪和逆向跟踪。正向跟踪指沿着软件生存周期,从分配需求开始,一直跟踪到软件需求分析、软件设计、软件实现和软件测试等后续阶段所产生的各个软件工作产品的相应元素和状态。逆向跟踪指从某个阶段的软件工作产品的某个元素开始,进行反向跟踪,直到分配需求。对于变化的部分进行逆向跟踪可以更好地控制变更所带来的影响。

软件在各个开发阶段的工作产品之间存在清晰的继承关系,以需求跟踪矩阵对这种关系做出准确的表达,那么需求更改无论出现在哪个阶段,都能沿着这条线索进行无遗漏的跟踪,对相关部分实施更改和调整,使软件更改受到控制和管理。表 2-1 所示为软件需求与分配需求的跟踪矩阵示例,还可据此编制软件各阶段的跟踪矩阵。

表 2-1　软件需求跟踪矩阵示例

分配需求	软件需求					
	A_{S1}	A_{S2}	……	A_{Si}	……	A_{Sn}
A_{R1}						
A_{R2}						

续表

分配需求	软件需求					
	A_{S1}	A_{S2}	……	A_{Si}	……	A_{Sn}
……						
A_{Rj}						
……						
A_{Rm}						

将上述跟踪矩阵合而为一,形成一个完整的需求跟踪矩阵,如表 2-2 所示。

表 2-2　完整的需求跟踪矩阵示例

项目名称					项目标识		
序号	分配需求	软件需求	概要设计	详细设计	软件实现	……	备注
1	1.1.2	2.3.1	5.3.2	3.3.1	Init	……	
2	1.1.2	2.3.2	5.3.3	3.3.2	Load	……	
……	……	……	……	……	……	……	
j	2.1.5	4.1.2	6.2.4	7.3.6	Process	……	
……	……	……	……	……	……	……	

2.5　常见的软件需求管理问题

在软件需求的日程管理中,经常出现如下问题。

(1) 需求提交质量不高

业务需求提交需求前未经过细致的思考,未设立好需求的目标和范围,只是为了解决当前面临的实际问题,不能从全局考虑整体业务的流程,这使得很多功能开发后因为整体业务的关系而导致使用率不高,造成开发资源的浪费。或者出现需求处于开发中或测试时临时提出需求变更,使得很多需求不能按时上线并出现返工等情况,也进一步加剧了开发与业务之间关系紧张的局面。由于需求提交时未考虑到与其他关联系统之间的联系,再加上开发人员未对需求做出细致的分析,也没有与业务人员进行紧密的沟通,因此会因关联系统未提供支持而导致出现无法测试或改动很大的情况。

(2) 需求分析不完整

虽然流程要求必须经过需求分析,但在现实工作中会因为加快进度等原因导致需求分析做得不完整或根本没有进行需求分析。有的开发人员未与需求提出人进行有效的沟通,对需求的目标实现功能会出现误解。对于部分项目类需求来说,虽然编写了相关的需求分析文档,但有些文档属于为了应付流程将已有的需求说明书等文档内容进行简单的复制粘贴,并没有在项目开发中起到与用户沟通确认、内部管理分配开发任务等作用。需求分析不完整会造成后续相关系统进行维护开发时没有完善的历史文档对其进行回顾和梳理,影响后续需求开发效果与效率。

（3）需求排期不规范

一些开发项目组未对需求进行有效的优先级规划和排期,会引发开发与业务部门的一些争执,很多需求根据想象来进行分配开发,未考虑到需求之间可能存在相互联系或功能覆盖。同时一些开发项目组也没有考虑到业务对不同需求的紧急程度期望有差异,用户也没有深度地参与到需求排期中,往往导致开发人员不停地被不同的需求提交人催促开发上线,不能有效地将紧急且重要的需求排到优先处理,还会出现其他需求开发完毕但重要且紧急的需求又由领导层面布置任务,为了紧急完成任务导致开发人员出现临时性加班的情况。以上这些局面会使业务部分产生依赖情绪,不提前考虑需求提交时间,不善于设置需求的优先级,从而进一步造成开发紧缺。

2.6　需求变化控制及跟踪的应用

在软件开发项目的应用中,以软件任务书为依据,软件工程组制订软件开发计划和需求规格说明。在各阶段工作产品(软件需求规格说明、软件设计文档、源代码、测试说明等)开发过程中,填写与相邻工作产品的"追溯表",分步进行顺向追踪,这是静态的需求跟踪。但在实际软件开发中,需求更改引起的后续更改,以及设计编码过程中的变化可能引起的需求变化是需求管理中的难点,为了更好地跟踪,采用需求管理活动的动态跟踪方式。一般采取以下三种方法。

（1）将软件任务状态分为"已评审""已分析""已设计""已实现""已验证"和"已完成"这六种,按照项目进展进行跟踪和记录,掌握进展和变化情况,实现控制项目范围变化的目的,如表 2-3 所示。

表 2-3　需求管理活动跟踪表示例

填写人	张三		填写时间	××××年××月××日		
软件任务状态记录						
任务标识/所在章节	任务名称	已评审	已分析	已设计	已实现	已验证	已完成
rw1/4.1.1	信息输入输出	√	√	√			
rw2/4.1.2	××控制任务	√	√				
rw3/4.1.3	人机交互任务	√	√				
……							
软件任务状态统计/%		100	100	20	0	0	0

（2）在进行需求跟踪时,出现涉及需求变化的情况,除办理相应变更手续外,对相关的工作产品和软件任务书实施跟踪,详细记录每个变化的跟踪情况。如表 2-4 所示的需求跟踪记录。

表 2-4 需求跟踪记录示例

当前阶段/任务	软件设计阶段		跟踪人		×××	
跟踪起始时间	××××年××月××日		跟踪结束时间		××××年××月××日	
序号	软件更改简述	软件阶段	文档条款	前阶段条款	后阶段条款	相关更改	备注
1	概要设计中缺少从文件中读取××数据的设计说明	概要设计	5.3.2	1.1.2, 2.3.1	3.3.1, Init	前阶段不涉及。后阶段做相应更改	
2							
……							

跟踪描述:

    发现问题,概要设计中缺少从文件中读取××数据的设计说明。对应需求规格说明 2.3.1 节"××数据(rx_info_safedata)输入"一节。

    设计人员已在概要设计文档中补充了相应内容,见 5.3.2 节(csc_init_ankong××数据读取)及第 5 章。

(3)定期对需求变化和跟踪情况进行统计和汇总分析,这里采用的一般是项目技术状态管理的方式,也可以将表 2-4 略作改进,在表中增加对相关变化次数的统计,就可将变化的总体情况一览无余。

2.7 本章小结

本章从软件需求的层次和要求入手,介绍了软件需求工程的概念,并分别从需求开发和需求管理两个方面进行了详细拓展。最后给出了软件需求管理中常见的问题,以及一份需求变化控制和跟踪的应用实例。

同 行 评 审

　　提高软件质量如果只依赖软件测试人员在软件产品完成后进行是不科学的。一方面，软件测试在软件研发的末端，发现问题较晚，解决问题所花费的代价也较高。特别是当软件缺陷涉及软件需求、设计时，可能导致整个项目的失败。另一方面，软件测试的覆盖性往往受到时间进度、经费等的限制，不可能无限制地做下去，因此有些潜在的缺陷很难被发现。

　　同行评审是一种重要、有效的验证方法，它是通过审查、结构化走查等方式对项目开发的工作产品进行的验证。同行评审是一种软件开发人员主动开展的软件质量保证形式，是被许多软件研制专业机构认可的提高软件质量的最佳实践。适时地开展同行评审可以有效地避免在软件研制各活动中引入上一阶段的缺陷，尽可能地减少缺陷的放大，软件缺陷放大示意图如图 3-1 所示。

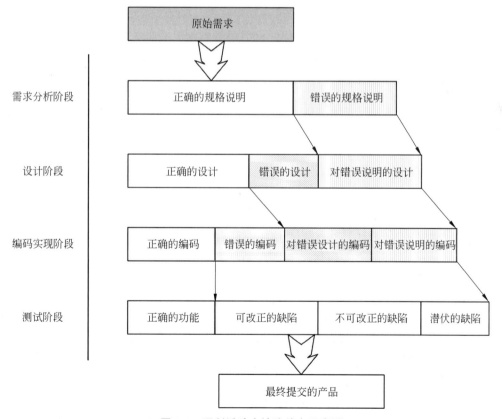

图 3-1　研制活动中缺陷放大示意图

同行评审的主要目的包括：

（1）发现软件的功能、逻辑或实现上的错误；

（2）验证软件是否满足其需求、设计等；

（3）保证软件的实现符合预先指定的标准；

（4）获得以统一方式开发的软件；

（5）使项目更易于管理。

另外，同行评审还提供了培训机会，使刚从事软件研发工作的人员能够了解软件分析、设计和实现的不同方法。通过同行评审使软件研制人员对软件系统中不熟悉的部分有更为深入的了解，因此，同行评审发挥了培训后备人员和促进项目连续性的作用。

同行评审的活动主要包括：同行评审的策划、实施同行评审和分析同行评审数据。

3.1 同行评审的方式和对象

3.1.1 同行评审的方式

同行评审在实践过程中通常包括正式评审、审查和代码走查。对研制过程中编写的文档，一般采用审查或正式评审的方式进行同行评审；对软件代码一般采用代码走查的方式进行同行评审。

（1）正式评审，通常是由经过同行评审培训的领域专家组成的同行评审组，在工作产品完成后对其进行的正式评审。同行评审组规模一般在5～7人为宜。正式评审的目的在于定位并除去工作产品中的缺陷。

（2）审查，通常是由开发团队内部或研制单位内部的领域专家，对工作产品或工作产品中的部分内容进行的审查。可以是技术审查，也可以是检查工作产品与规程、模板、计划、标准的符合性或者变更是否被正确地执行。审查的目的在于在开发团队内部对工作产品提出改进意见。

（3）代码走查，一般由2～3名经验丰富的开发团队成员，可以以小型会议的形式，对代码共同进行阅读，同时，可用代码审查和静态分析工具等对代码进行审查和分析。主要是审查代码是否正确地实现了软件设计，代码编写质量及编程规则的遵循情况等。对代码规范的审查建议在代码编写的早期进行。

三种同行评审方式的比较，如表3-1所示。

表 3-1　三种同行评审方式的比较

内　　容	方　　式		
	正 式 评 审	审　　查	代 码 走 查
对象	对开发活动或软件产品质量有重要影响的软件文档	对开发活动或软件产品质量影响较为轻微的软件文档	关键重要的软件代码
时机	软件文档全部完成	软件文档完成关键重要章节	完成首个模块或关键重要模块的编写

内　　容	方　　式		
	正 式 评 审	审　　查	代 码 走 查
人员规模/人	5～7	3～5	2～3
主持人	开发团队所在部门技术负责人	开发团队负责人	代码编写人
验证	开发团队负责人	指定的开发团队成员	指定的开发团队成员
输出	问题清单 同行评审测量数据	问题清单 同行评审测量数据	走查报告 缺陷清单 同行评审测量数据

3.1.2　同行评审的对象

同行评审的对象包括在软件开发过程中产生的文档、代码等。具体工作产品见表 3-2。

表 3-2　软件开发过程中的同行评审

序号	工 作 产 品	评 审 方 式
1	系统总体设计方案	正式评审
2	软件需求规格说明	正式评审
3	软件接口需求规格说明	正式评审
4	软件接口设计说明	正式评审
5	软件概要设计说明	正式评审
6	软件详细设计说明	正式评审
7	数据库设计说明	正式评审
8	软件源代码	走查
9	测试计划	正式评审
10	测试说明	正式评审
11	测试记录	正式评审
12	问题报告	正式评审
13	测试报告	正式评审
14	版本说明	审查
15	计算机系统操作员手册	审查
16	软件用户手册	正式评审
17	软件程序员手册	审查

序号	工作产品	评审方式
18	固件保障手册	审查
19	软件产品规格说明	审查

3.2　策划同行评审

同行评审的策划和准备活动通常包括确定参与同行评审的人员、准备同行评审要用的材料，以及安排同行评审日程。同行评审的人员包括工作产品的开发人员和必须参与同行评审的相关人员，同行评审的材料包括工作产品、检查单和评审准则。策划同行评审的活动如下。

1. 确定评审对象与评审方式。软件研制过中的工作产品均应进行同行评审。在软件开发过程中需要评审的工作产品和可进行的评审方式可以参考表 3-2 确定。

一般情况下，同行评审应遵循以下原则：

（1）评审组一般应该由适当的同行专家组成，人数参照表 3-1，按照评审方式的不同确定；

（2）在召开评审会之前应进行准备，每个参会人员预先准备的时间不应超过 2 小时；

（3）评审会的时间一般不超过 2 小时。

制定上述原则的原因是同行评审的范围越小，发现问题的可能性就越大。例如，代码走查时每次只关注部分模块的实现是否按照设计进行。

2. 确定同行评审需采集的信息。对同行评审活动需要采集的信息包括：评审准备工作量、评审所用的工作量、修改评审问题所需的工作量、工作产品的规模、缺陷数量、缺陷类型和严重程度等。

3. 建立并维护同行评审的入口准则和出口准则。为了提高同行评审的效率，需要针对具体的工作产品制定评审的入口准则和出口准则。

在准备评审时应根据入口准则进行检查，这些检查可以以检查单的形式体现。例如，根据需求跟踪矩阵确定是否覆盖所有需求，文档的格式是否符合要求，定义和描述是否有二义性等。一般情况下检查的人员应是项目负责人或项目负责人指定的相关人员。

同样在评审完成时，应根据评审准备时制定的评审出口准则进行检查，也就是需要确定什么样的条件下可以通过同行评审，何种条件下需要安排另一次的评审。例如，通过评审的条件可以明确为工作产品不能存在严重级别的缺陷，工作产品必须覆盖上一阶段的功能、性能、接口等要求。

4. 建立评审审查单。在评审前应根据评审的工作产品的特点制定评审审查单。同行评审审查单格式模板如表 3-3 所示。

表 3-3　同行评审审查单格式模板

同行评审审查单	项目名称				
	产品名称				
序号	审查项		满足	不满足	不适用
1					
2					
3					

审查结论：　　□合格　　　　　　　　□不合格
审查人员签字：　　　　　　　　　年　　月　　日

问题记录(可附页)

应根据评审对象的特点制定相应的审查单,代码走查时应制定代码审查规范,也可以选用工具进行代码编码规范的审查,以及代码设计规范方面的分析。

对于文档类审查单的制定,应根据不同类型的软件文档制定不同的审查单。具体审查内容如下。

1)系统总体设计方案

(1)总体概述了系统(或项目)的建设背景或改造背景,概述了系统的主要用途;

(2)引用文件完整准确,包括引用文档(文件)的文档号、标题、编写单位(或作者)和日期等;

(3)确切地给出所有在本文档中出现的专用术语和缩略语的定义;

(4)完整清晰描述软件系统的功能需求;

(5)完整清晰描述软件系统的性能需求;

(6)完整清晰描述软件系统的外部接口需求;

(7)完整清晰描述软件系统的适应性需求;

(8)完整清晰描述软件系统的安全性需求;

(9)完整清晰描述软件系统的操作需求;

(10)完整清晰描述软件系统的可靠性需求;

(11)清晰描述软件系统的运行环境;

(12)描述了系统的生产和部署阶段所需要的支持环境;

(13)以配置项为单位(包括软件配置项或/和硬件配置项)设计了软件系统体系结构或系统体系结构;

(14)软件系统的体系结构合理、可行;

(15)用名称和项目唯一标识号标识每个 CSCI;

（16）清晰、合理地为各个软件配置项分配了功能、性能；

（17）翔实设计各个软件配置项与其他配置项（包括软件配置项、硬件配置项、固件配置项）之间的接口；

（18）进行了软件系统危险分析，合理确定软件配置项关键等级；

（19）合理分配了与每个 CSCI 相关的处理资源；

（20）追踪关系完整、清晰；

（21）文档编写规范、内容完整、描述准确、一致。

2）软件系统测试计划

（1）完整、清晰地描述了引用文件，包括引用文档（文件）的文档号、标题、编写单位（或作者）和日期等；

（2）测试组织独立、人员组成合理、分工明确；

（3）测试环境适应测试任务的需求；

（4）测试资源满足测试任务的需求；

（5）提出软件系统的每个功能应至少被一个正常测试用例和一个被认可的异常测试用例所覆盖的要求；

（6）功能测试项划分合理、充分，覆盖了软件系统设计说明定义的所有功能；

（7）性能测试项划分合理、充分，覆盖了软件系统设计说明提出的所有性能指标；

（8）接口测试项划分合理、充分；覆盖了软件系统设计说明定义的所有外部接口，包括软件配置项之间、软件系统和硬件之间的所有接口；

（9）对于每一个接口，提出正常输入和异常输入的测试要求；

（10）每一测试项的测试要求明确、测试方法合理，详细说明了完成本测试项所需要的测试数据生成方法和注入方法，说明测试结果捕获方法及分析方法等；

（11）清晰建立测试项与测试依据之间的双向追踪关系；

（12）提出时限测试要求（测试程序在有时限要求时完成特定功能所需的时间）；

（13）提出系统各部分之间协调性的测试要求；

（14）提出系统依赖运行环境程度的测试要求（测试软、硬件环境对系统性能的影响等）；

（15）提出系统处理容量的测试要求；

（16）提出系统负载能力的测试要求；

（17）提出系统运行占用资源情况的测试要求；

（18）提出边界测试要求；

（19）对于 A、B 级软件，提出安全性测试的要求；

（20）文档编制规范、内容完整、描述准确一致。

3）软件需求规格说明

（1）完整、清晰地描述了引用文件，包括引用文档（文件）的文档号、标题、编写单位（或作者）和日期等；

（2）确切给出了所有在本文档中出现的专用术语和缩略语定义；

（3）以 CSCI 为单位，进行软件需求分析；

（4）采用了适合的软件需求分析方法；

（5）总体概述了每个 CSCI 应满足的功能需求和接口关系；

（6）完整、清晰、详细地描述由待开发软件实现的全部外部接口（包括接口的名称、标识、特性、通信协议、传递的信息、流量、时序，等等）；

（7）完整、清晰、详细地描述由待开发软件实现的功能，包括业务规则、处理流程、数学模型、容错处理要求、异常处理要求等专业应用领域的全部要求；

（8）分别描述各个CSCI的性能需求；

（9）明确提出软件的安全性、可靠性、易用性、可移植性、维护性需求等其他要求；

（10）用名称和项目唯一标识号标识每个内部接口，描述在该接口上将要传递的信息的摘要；

（11）用名称和项目唯一标识号标识CSCI的数据元素，说明数据元素的测量单位、极限值/值域、精度、分辨率、来源/目的（对外部接口的数据元素，可引用详细描述该接口的接口需求规格说明或相关文档）；

（12）指明各个CSCI的设计约束；

（13）详细说明在将开发完成了的CSCI安装到目标系统上时，为使其适应现场独特的条件和（或）系统环境的改变而提出的各种需求；

（14）描述运行环境要求，包括运行软件所需要的设备能力、软件运行所需要的支持软件环境；

（15）详细说明用于审查CSCI满足需求的方法，标识和描述专门用于合格性审查的工具、技术、过程、设施和验收限制等；

（16）详细说明要交付的CSCI介质的类型和特性；

（17）描述CSCI维护保障需求；

（18）描述本文档中的工程需求与"软件系统设计说明"和（或）"软件研制任务书"中的CSCI的需求的双向追踪关系；

（19）文档编制规范、内容完整、描述准确一致。

4）软件接口需求规格说明

（1）概述本文档所适用的系统，标识和描述各个接口在系统中的作用；

（2）列出本文档引用的所有文件；

（3）提供一个或多个接口示意图，描述和标识各CSCI、HWCI和本文档适用的各关键项之间的连接关系和接口；对每个接口应标识其名称和项目唯一标识号；

（4）详细说明对接口的需求，应规定与各CSCI的联接是并发执行还是顺序执行，说明接口使用的通信协议及接口的优先级别；

（5）对于并发的CSCI，应规定内部使用的同步方法；

（6）清晰描述每个接口的数据要求，对每个通过接口的数据元素，应详细说明数据元素的项目唯一标识号、简要描述、来源/用户、度量单位、极限值/值域（若是常数，提供实际值）、精度或分辨率等；

（7）文档编制规范、内容完整、描述准确一致。

5）软件配置项测试计划

（1）测试组织独立、人员组成合理、分工明确；

（2）测试资源满足测试任务的需求；

（3）测试环境及其测试环境的安装、验证和控制计划合理可行，满足测试任务的需求；

（4）提出软件配置项的每个特性应至少被一个正常测试用例和一个被认可的异常测试用例所覆盖的要求；

（5）功能测试项划分合理、充分，覆盖了软件需求规格说明定义的所有功能；

（6）性能测试项划分合理、充分，覆盖了软件需求规格说明提出的所有性能指标；

（7）接口测试项划分合理、充分，覆盖了软件需求规格说明定义的所有软件配置项之间、软件配置项和硬件之间的接口；

（8）每一测试项的测试要求明确、测试方法合理，详细说明了完成本项测试所需要的测试数据生成方法和注入方法，说明测试结果捕获方法及分析方法等；

（9）对于每一个外部接口，提出正常输入和异常输入的测试要求；

（10）提出计算精度测试要求（测试程序在获得定量结果时程序计算的精确性）；

（11）提出时限测试要求（测试程序在有时限要求时完成特定功能所需的时间）；

（12）提出配置项各部分之间协调性的测试要求；

（13）配置项依赖运行环境的程度的测试要求（测试软、硬件环境对系统性能的影响等）；

（14）提出配置项处理容量的测试要求；

（15）提出配置项负载能力的测试要求；

（16）提出配置项运行占用资源情况的测试要求；

（17）提出边界测试要求；

（18）对 A、B 级软件配置项，提出了安全性测试的要求；

（19）对 A、B 级嵌入式软件配置项，提出了目标码覆盖的测试要求；

（20）建立了测试项与测试依据之间的双向追踪关系清晰；

（21）文档编制规范、内容完整、描述准确一致。

6）软件概要设计说明（结构化）

（1）概述了 CSCI 在系统中的作用，描述了 CSCI 和系统中其他配置项的相互关系；

（2）以 CSC 为实体进行了软件体系结构的设计；

（3）软件体系结构合理、优化、稳健；

（4）应对 CSC 之间的接口进行设计，用名称和项目唯一标识号标识每一个接口，并对与接口相关的数据元素、消息、优先级、通信协议等进行描述；

（5）为每个接口的数据元素建立数据元素表，说明数据元素的名称和唯一标识号、简要描述、来源/用户、测量单位、极限值/值域（若是常数，提供实际值）、精度或分辨率、计算或更新的频率或周期、数据元素执行的合法性检查、数据类型、数据表示/格式、数据元素的优先级等；

（6）规定每一个接口的优先级和通过该接口传递的每个消息的相对优先次序；

（7）描述接口通信协议，分小节给出协议的名称和通信规格细节，包括消息格式、错误控制和恢复过程、同步、流控制、数据传输率、周期还是非周期传送，以及两次传输之间的最小时间间隔、路由/地址和命名约定、发送服务、状态/标识/通知单和其他报告特征及安全保密等；

（8）CSC 内存和处理时间分配合理（仅适用于"嵌入式软件"或"固件"）；

（9）描述 CSCI 中各 CSC 的设计，将软件需求规格说明中定义的功能、性能等全部都分配到具体的软件部件，必要时，还应说明安全性分析和设计并标识关键模块的等级；

（10）用名称和项目唯一标识号标识 CSCI 中的全局数据结构和数据元素,建立数据元素表;

（11）用名称和项目唯一标识号标识被多个 CSC 或 CSU 共享的 CSCI 数据文件,描述数据文件的用途、文件的结构、文件的访问方法等;

（12）建立软件设计与软件需求的追踪表;

（13）文档编写规范、内容完整、描述准确一致。

7）软件概要设计说明（面向对象）

（1）概述了 CSCI 在系统中的作用,描述了 CSCI 和系统中其他配置项的相互关系;

（2）以包或类的方式在软件体系结构范围内进行逻辑层次分解,将软件需求规格说明中定义的功能、性能等全部进行分配,分解的粒度合理,相关说明清晰;

（3）采用逻辑分解的元素描述有体系结构意义的用况,使体系结构设计与用况需求之间有紧密的关联;

（4）描述了系统的动态特征,对进程/重要线程的功能、生命周期和进程间的同步与协作有明确的说明;

（5）软件体系结构合理、优化、稳健;

（6）对每个标识的接口都设计有相应的接口类/包,规定每一个接口的优先级和通过该接口传递的每个消息的相对优先次序;

（7）描述接口和数据元素的来源/用户、测量单位、极限值/值域（若是常数,提供实际值）、精度或分辨率、计算或更新的频率或周期、数据元素执行的合法性检查、数据类型、数据表示/格式、数据元素的优先级等;

（8）进行安全性分析和设计并标识关键模块的等级;

（9）为完成需求的功能增加必要的包/类,使层次分解的结果是一个完整的设计;

（10）实现视图描述 CSCI 的实现组成,每个构件分配了合适的需求功能,构件的表现形式（exe、dll 或 ocx 等）合理;

（11）部署视图描述 CSCI 的安装运行情况,能够对未来的运行景象形成明确概念;

（12）建立软件设计与软件需求的追踪表;

（13）采用的 UML 图形或其他图形描述正确、详略适当,有必要的文字说明;

（14）文档编写规范、内容完整、描述准确一致。

8）数据库设计说明

（1）进行数据库系统概念、逻辑、物理设计;

（2）数据的逻辑结构满足完备性要求;

（3）数据的逻辑结构满足一致性要求;

（4）数据的冗余度合理;

（5）数据库的备份与恢复设计合理、有效;

（6）数据存取控制满足数据的安全保密性要求;

（7）数据存取时间满足实时性要求;

（8）网络、通信设计合理、有效;

（9）审计、控制设计合理;

（10）视图设计、报表设计满足要求;

（11）文件的组织方式和存取方法合理有效；

（12）数据的群集安排合理、有效；

（13）数据在存储介质上的分配合理有效；

（14）数据的压缩与分块合理有效；

（15）缓冲区的大小和管理满足要求；

（16）对数据库访问和操作的软件单元设计合理、描述完整；

（17）正确提供本文档所涉及的数据库或 CSU 到系统或 CSCI 需求的双向追踪；

（18）文档编写规范、内容完整、描述准确一致。

9）接口设计说明

（1）概述接口所在系统，标识和描述本文档适用的各个接口在该系统中的作用；

（2）准确给出所有在本文档中出现的专用术语和缩略语的确切定义；

（3）采用接口示意图描述和标识各 CSCI、HWCI 和本文档适用的各关键项之间的连接关系及接口，对每个接口应标识其名称和项目唯一标识号；

（4）对每个接口进行设计，包括接口的数据元素、消息、优先级别、通信协议及同步机制；

（5）对每个通过接口的数据元素，建立数据元素表，表中应为数据元素提供下列信息：数据元素的项目唯一标识号、简短描述、来源/用户、度量单位、极限值/值域（若是常数，提供实际值）、精度或分辨率、计算或更新频率/周期、数据类型、数据表示法和格式、优先级等，以及对数据元素执行的合法性检查；

（6）应用名称和项目唯一标识号标识接口间的每个消息，描述数据元素对各个消息的功用，并提供每个消息与组成该消息的各数据元素间的交叉引用，而且还应提供每个数据元素与各数据元素间的交叉引用；

（7）应规定接口优先级和通过该接口传递的每个消息的相对优先次序；

（8）对每个接口，应描述与该接口关联的商用、军用或专用的通信协议，对协议描述应包括：消息格式、错误控制和恢复过程、同步、流控制、数据传输机制、路由/编址和命名约定、发送服务、状态、标识、通知单和其他报告特征；

（9）安全保密等；

（10）文档编写规范、内容完整、描述准确一致。

10）软件详细设计说明（结构化）

（1）将软件部件分解为软件单元；

（2）对每个软件单元规定了程序设计语言所对应的处理流程；

（3）对每个单元的入口、出口给予清晰完整的设计；

（4）对于结构化设计，可采用数据流图、控制流图清晰描述软件单元之间的关系；

（5）每个 CSU 的详细设计信息应包括：输入/输出数据元素、局部数据元素、中断和信号、程序算法、错误处理、数据转换、逻辑流程图、数据结构、局部数据文件和数据库、限制和约束等；

（6）将包分解到类，用类图、顺序图、活动图或文字等多种方式进行描述；

（7）对类的名称、属性、操作、动态特性、静态特性等进行说明；

（8）准确说明类的纵向、横向关系；

（9）说明类的数据成员，包括量化单位、值域、精度，若是常数，应提供其实际值；

（10）说明类的操作，包括输入参数、输出参数、处理过程及算法，还应说明其异常处理机制；

（11）说明类的动态特性，必要时可采用状态机或其他形式予以描述；

（12）说明本 CSCI 需要用到的数据，包括配置数据设计、数据文件设计及数据库设计；

（13）准确描述软件详细设计与概要设计的追踪关系；

（14）文档编写规范、内容完整、描述准确一致。

11）软件详细设计说明（面向对象）

（1）将包最终分解到类，并用类图、时序图、活动图或文字等合适的方式进行描述；

（2）对相关类的组合采用类族方式命名或采用设计模式命名，说明类组合的功能、特征等；

（3）对每个类说明其类型、功能、在软件结构中的位置；

（4）准确说明类的纵向、横向关系；

（5）说明类的每一个属性，每个属性的名称、用途、类型、可访问性、值域、精度和合法性检查等，若是常数，应提供其实际值；

（6）说明类的每一个操作，包括名称、功能、输入、输出、处理过程及算法、异常处理机制等，并采用适当的文字或图进行说明；

（7）对数据文件或数据库的包装类，说明类的静态特性，描述数据元素和类属性字段的对应关系；

（8）对于有状态变化的类，说明类的动态特性，必要时可采用状态机或其他形式予以描述；

（9）说明本 CSCI 需要用到的数据，包括配置数据设计、数据文件设计及数据库设计；

（10）准确描述软件详细设计与概要设计的追踪关系；

（11）文档编写规范、内容完整、描述准确一致。

12）软件单元测试计划

（1）测试组织人员组成合理、分工明确；

（2）将应该测试的所有软件单元全部明确地标识为被测对象；

（3）测试资源满足单元测试任务的需求；

（4）测试环境及其测试环境的安装、验证和控制计划合理可行，满足单元测试任务的需求；

（5）提出软件单元的每个特性应至少被一个正常测试用例和一个被认可的异常测试用例所覆盖的要求；

（6）对每个被测单元提出圈复杂度（McCabe 复杂性度量值）的度量要求；

（7）对每个软件单元的扇入、扇出数提出分析和统计要求；

（8）对软件单元源代码注释率（有效注释行与源代码总行的比率）提出分析检查要求；

（9）对软件可靠性、安全性设计准则和编程准则提出检查要求（要求 A、B 级软件应落实全部强制类编程准则）；

（10）对源代码与软件设计文档一致性的分析、检查要求；

（11）对有特殊要求的软件单元，进行特殊测试，如占用空间、运行时间、计算精度等测试要求；

(12) 对于重要的执行路径,提出路径测试要求；

(13) 提出边界测试要求；

(14) 提出单元调用关系100％的覆盖要求；

(15) 提出语句覆盖率要求(A、B级软件应达到100％的要求)；

(16) 提出软件测试分支覆盖率要求(A、B级软件应达到100％的要求)；

(17) 对用高级语言编制的A、B级软件,提出修正的条件判定覆盖(MC/DC)覆盖要求("921"工程要求达到100％)；

(18) 对于用高级语言编制的A、B级嵌入式软件,提出测试目标码覆盖率要求("921"工程要求语句覆盖率达到100％、分支覆盖率达到100％)；

(19) 明确提出单元测试的终止条件；

(20) 给出单元测试项(条目)到详细设计之间追踪关系；

(21) 文档编制规范、内容完整、描述准确一致。

13) 软件测试说明

(1) 测试用例设计遵循对应的测试计划；

(2) 给出与测试活动有关的进度安排,包括测试准备、测试执行、测试结果整理与分析等；

(3) 描述测试所需硬件环境的准备过程；

(4) 描述测试所需软件环境的准备过程；

(5) 逐项审查测试所需的硬件环境和软件环境的就绪状况,如操作系统、测试工具、测试软件、测试数据等；

(6) 测试用例设计应覆盖软件测试计划中标识的每个测试项；

(7) 保证每个测试项应至少被一个正常测试用例和一个被认可的异常测试用例所覆盖；

(8) 对每个测试用例,应详细描述下列内容：

① 测试用例名称和项目唯一标识、测试用例综述、测试用例追踪、测试用例初始化、测试步骤、测试输入与操作、期望测试结果、测试结果评判标准、测试终止条件、前提和约束条件、测试用例设计方法等；

② 测试用例描述表清晰、规范、易理解；

③ 测试用例内容描述准确,与测试计划的相关描述保持一致；

④ 建立测试用例到测试项(条目)的追踪表；

⑤ 文档编写规范、内容完整、描述准确一致。

14) 软件测试报告

(1) 对测试过程进行了描述；

(2) 测试报告中应说明被测软件的版本；

(3) 测试报告中应说明测试时间、测试人员、测试地点、测试环境等；

(4) 测试报告中应翔实、清晰地说明设计的测试用例数量和实际执行的测试用例数量、部分执行的数量、未执行的数量；

（5）对于每个执行的测试用例还应该说明执行结果（通过、未通过）；

（6）对于未执行和部分执行的测试用例，应说明原因；

（7）执行过程中如果增加了新的测试用例，则测试报告中应说明新增加的测试用例；

（8）测试报告中应统计所有测试用例的测试结果，包括用例名称、执行状态、执行结果、出现问题的步骤及问题标识等；

（9）对每个被测对象（被测软件）的质量分别进行客观评估；

（10）文档编写规范、内容完整、描述准确一致。

15）软件测试记录

（1）每个测试用例的测试记录应包括测试用例名称与标识、测试综述、用例初始化、测试时间、前提和约束、测试用例终止条件等基本信息；

（2）测试输入、期望测试结果、评估测试结果的标准等应与"软件测试说明"中的相关描述保持一致；

（3）应记录每个测试步骤的实测结果，当有量值要求时，应准确记录具体的实际测试量值，如果实际测试结果已经存储在文件中，可以只记录文件名；

（4）测试记录应详细描述实际测试时的操作步骤；

（5）对于完整执行过的测试用例，应明确给出测试用例的执行结果（通过、未通过）；

（6）如果在测试中发现软件有问题，除记录实测结果外，还应详细填写"软件问题报告单"；

（7）对未执行或未完整执行的测试用例，应逐个说明原因；

（8）测试人员签署测试记录；

（9）文档编写规范、内容完整、描述准确一致。

16）软件问题报告

（1）应详细说明发现的每一个问题，并形成问题报告单；

（2）问题单对于软件问题的描述明确、清晰；

（3）合理划分问题类别；

（4）合理定义问题级别；

（5）清晰地建立问题的追踪关系，即问题的来源；

（6）文档编写规范、内容完整、描述准确一致。

17）计算机系统操作员手册

（1）概述本文档所适用的系统和软件的用途；

（2）给出所有在本文档中出现的专用术语和缩略语的确切定义；

（3）正确列出计算机系统的各个操作指令；

（4）正确列出操作计算机系统的前提条件，包括通电和断电、启动、关机等步骤；

（5）正确描述计算机系统的操作过程，包括输入和输出过程、监督过程、恢复过程、脱机程序过程及报警、切换等其他过程。如果采用了一种以上的操作方式，那么对每种方式的操作命令都应进行阐述；

（6）正确描述计算机系统的诊断过程,应说明为执行每一诊断过程所需的硬件、软件或固件,执行诊断过程所需的每一步指令及诊断消息和采取的相应动作;

（7）正确描述诊断工具集,用名称和唯一标识号来标识每一个诊断工具,并叙述该工具和它的应用;

（8）文档编写规范、内容完整、描述准确一致。

18）软件用户手册

（1）正确给出所有在本文档中出现的专用术语和缩略语的确切定义;

（2）准确描述软件安装过程,完整列出安装的有关媒体情况及使用方法;

（3）准确描述软件的各功能及操作说明,包括初始化、用户输入、输出、终止等信息;

（4）准确标识软件的所有出错告警信息、每个出错告警信息的含义和出现该错误告警信息时应采取的恢复动作等;

（5）文档编写规范、内容完整、描述准确一致。

19）软件程序员手册

（1）正确给出所有在本文档中出现的专用术语和缩略语的确切定义;

（2）概述本文档所适用的系统和 CSCI 的用途;

（3）正确描述宿主机和目标机的操作系统,以及包括编辑、编译、链接等实用程序在内的其他软件;

（4）准确描述软件的编程特征;

（5）准确描述软件的编程语言;

（6）准确描述软件的输入输出控制的编程;

（7）准确描述软件的附加或专用编程技术;

（8）提供编程示例;

（9）准确描述软件的错误检测和诊断功能;

（10）文档编写规范、内容完整、描述准确一致。

20）固件保障手册

（1）准确描述固件设备说明;

（2）准确描述固件设备的安装修理过程;

（3）准确描述适用于设备、支持硬件和软件的任何安全保密性;

（4）准确描述所有固件的操作限制和环境限制;

（5）准确描述所有固件的编程设备及其过程;

（6）准确描述由设备提供商提供的供方信息、为设备和软件提供技术保障的所有商用信息;

（7）文档编写规范、内容完整、描述准确一致。

21）版本说明

（1）正确列出所发行产品的文档清单;

（2）正确列出所发行产品的文件清单;

（3）正确列出所发行产品的更动清单;

（4）正确列出所发行产品的修改数据；

（5）正确说明新版本与旧版本产品之间的接口兼容性；

（6）正确列出所发行产品的引用文档清单，若有更动，还应说明该清单的更动部分；

（7）清楚说明更动对旧版本的影响；

（8）提供产品的安装说明；

（9）说明所发行产品的可能问题和已知错误及其解决办法；

（10）文档编写规范、内容完整、描述准确一致。

22）软件产品规格说明

（1）准确列出所有在本文档中出现的专用术语和缩略语的确切定义；

（2）准确提供产品所包含的所有设计文档；

（3）准确提供产品的源代码列表；

（4）建立源代码列表与计算机软件部件和单元的索引关系；

（5）规定编译源代码的编译程序和链接程序；

（6）规定在交付时产品所用的测量资源；

（7）文档编写规范、内容完整、描述准确一致。

5. 制订同行评审计划。项目负责人根据项目计划中确定的同行评审要求制订详细的同行评审计划，并将评审计划、待评审的工作产品及相关的评审审查单一同发给评审人员，详细的同行评审计划应包括会议名称、会议时间、地点、评审人员、评审分工、评审审查表及评审通过的准则等。

3.3 实施同行评审

同行评审人员应根据同行评审计划开展同行评审工作。同行评审的有效性的重点在于同行评审人员是否认真履行职责，是否在召开评审会之前有充分的时间对工作产品进行了审查。实施同行评审的主要活动如下。

（1）预先审查。在召开评审会前，评审人员应该根据分工，对照审查单审查工作产品。记录审查过程中发现的问题。

（2）召开评审会。项目负责人组织召开评审会，评审人员说明预先审查中发现的问题，评审组与项目相关人员经过讨论形成评审报告。评审报告的内容包括评审意见和问题说明。评审意见和问题记录的表格模板如表 3-4 和表 3-5 所示。

（3）采集同行评审数据。为了不断提高同行评审的有效性，需要对同行评审数据进行采集。需要采集的数据包括：工作产品名称、规模、所处开发阶段，同行评审组的构成、同行评审类型、评审人员预先审查时间、评审会所用时间、所发现的缺陷数、缺陷类型及其来源，等等。

（4）同行评审问题的处理与跟踪。项目组应针对同行评审中提出的问题制定相应的初步处理措施，开发团队负责人或制定人员应对这些问题的处理进行跟踪。

表 3-4　评审意见表

评审意见表		项目名称	
		阶段名称	
评审性质	□评审　　□复审	评审方式	□内部　　□外部
评审日期		评审地点	
组织单位		评审委员会组成	（用附件的形式记录）
审查对象与审查结果	名称		版本
评审结论	□通过　（无问题） □通过　（有_____个问题，"评审问题记录表"附后） □不通过（有_____个问题，"评审问题记录表"附后）		
其他说明			

评审组组长（签字）：

年　　　月　　　日

表 3-5　评审问题记录表

评审意见表		项目名称	
		阶段名称	
评审性质	□评审　　□复审	评审方式	□内部　　□外部
评审日期		评审地点	
序号	问题描述		初步处理意见

评审组组长（签字）：

年　　　月　　　日

3.4　同行评审的数据分析

3.4.1　采集和分析的数据

分析同行评审数据是不断提高同行评审有效性的重要环节,也是不断提高软件产品质量的重要手段。因此,需要对同行评审的数据进行分析,并与研制单位的期望进行比较。另外,还应更深入地分析与问题有关的事件,例如,造成缺陷的原因、缺陷方案的影响等,以便采取切实有效的措施避免同类问题的发生。采集和分析的数据包括:

(1) 文档页数和代码行数;

(2) 工作产品问题或缺陷数;

(3) 工作产品的问题或缺陷密度;

(4) 同行评审所用时间;

(5) 问题或缺陷等级;

(6) 问题或缺陷类型;

(7) 问题或缺陷的原因;

(8) 问题或缺陷注入阶段;

(9) 发现问题/缺陷数的效率。

3.4.2　同行评审的过程控制

根据 Watte Humphrey 于 1998 年提出的经验数据,设计阶段的同行评审工作量应该占到该阶段工作量的 1/3 或以上,代码走查工作量也要占到编码和单元测试阶段工作量的 1/3 以上。如果它们都只占到 15%,此时同行评审的质量系数只能达到 0.5。

同行评审的准则如下。

(1) 设计同行评审工作量应占设计阶段总工作量的 1/3 以上,其质量准则为

设计文档同行评审应该至少发现 3 个缺陷/页,遗漏缺陷密度控制在 0.5 个/页以下。

(2) 代码同行评审工作量应占实现阶段总工作量的 1/3 以上。

(3) 同行评审准备时间等于(或大于)开会时间。

(4) 同行评审期间发现的缺陷数量应该是同行评审准备期间发现的缺陷数量 2 倍以上。

(5) 同行评审发现缺陷的效率是测试发现缺陷的 3 倍。

3.4.3　建议的同行评审效率

如果在软件开发全过程中使用同行评审,建议同行评审的总工作量要占 10% 的开发工作量。同行评审的效率:

(1) 每 20 页叙述性文档,需要 40 人·时;

（2）每 12 页概要设计，需要 30 人·时；

（3）每 1000 行代码，需要 55 人·时。

同行评审的效率取决于以下因素：

（1）同行评审的准备情况；

（2）参与同行评审人员的技能和经验。

3.4.4　同行评审覆盖率

在开发过程中，一般对同行评审有如下的覆盖率要求：

（1）对需求的同行评审覆盖率要求 100％；

（2）对设计的同行评审覆盖率要求 100％；

（3）对确认测试的测试用例的同行评审覆盖率要求 100％；

（4）对代码的同行评审覆盖率要求不少于 30％，新编代码的关键部位和关键算法要进行 100％的同行评审，非新编代码采取抽查方式，抽查比例建议不少于 25％。

3.5　评审常见问题

根据 Humphrey 的经验，审查不能发挥作用的原因大致如下。

（1）最大的问题是进度紧张而且对管理重视不足，使得审查流于形式。管理层对进度的推动力远远大于对质量的关注程度，造成同行评审的形式大于内容，没有发挥其应有的作用。

（2）同行评审数据未被充分使用。从以往项目中获取同行评审数据可以有效提高同行评审效率，避免发生类似问题。同行评审组织者应从历史经验库中获取以往相同工作产品的同行评审数据，以便有效地开展同行评审活动。

（3）准备不足。

① 同行评审不足主要体现在项目计划中未对同行评审进行有效策划，不仅是单个项目的同行评审准备不足，甚至可能是整个研制单位内部对同行评审工作没有制定相关的规范，没有建立组织级过程。

② 工作产品质量太差。工作产品缺少自我检查，或因计划不合理，提交的工作产品质量太低，需要修改后再提交。

③ 参与同行评审的人员选择不恰当。人员问题可能有下列情形：

a. 由于计划组织不充分，评审资源没有得到保证，资深技术人员或者评审人员忙于其他工作，没有投入足够的时间；

b. 参与同行评审人员一般是领域专家而不是评审活动的专家，他们没有掌握进行同行评审的方法、技巧、过程等，因此需要对评审员进行培训。因此，在同行评审前先对评审员基于评审所需的知识和技能进行培训是很有必要的；

c. 参与人员太多或者参与人员不能胜任，或者有管理人员参与，导致无法开展有效的同行评审活动。

（4）一次涵盖的内容太多。一次评审太多的内容，导致人员精力等无法长时间集中，发现问题的能力受到影响。建议要评审的对象内容需要有重点，一般按照"2/8"原则确定主要内容进行评审。

（5）会议上过多地讨论问题如何改正。

同行评审的目的主要在于定位问题，一旦正确地确认了问题，对于大多问题都能很快找到解决方案，对于一时无法给出解决方案的问题可以在评审后研究讨论。因此，一般的同行评审会建议在一个问题上用时不超过 3 分钟；如果评审专家之间有不同意见，先进行记录。当评审专家讨论解决方案时，主持人可以要求他们在会后讨论。

3.6　本章小结

同行评审是由软件工作产品生产者的同行遵循已定义的规程对工作产品进行的技术评审。通过同行评审，有利于及早和高效地从软件工作产品中识别并消除缺陷，减少到产品发布时的缺陷。

同行评审的对象包括所有软件开发的中间工作产品和最终工作产品，同行评审方式分为正式评审、审查和代码走查三类，一般文档采用正式评审、审查的方式，代码采用代码走查的方式。文档的同行评审要对文档的完整性、一致性和正确性进行同行评审。代码走查要对代码的规范性和实现的正确性进行审查。组织应建立基本的同行评审准则，以便保证同行评审的有效实施。

同行评审实施过程中存在许多问题，开发团队应针对问题制订科学、合理的同行评审计划，在实施过程中及时分析同行评审数据，发现问题，并不断提高同行评审的能力。

第4章

验　证

4.1　概述

　　验证的目的是确保所选择的工作产品满足指定的需求。对工作产品的验证可以有效提高软件产品对客户需求、软件系统需求和软件配置项需求的满足程度。因此,验证贯穿软件开发的整个过程。

　　验证一般由测试人员和开发人员共同完成,主要包括同行评审、代码审查、静态分析、单元测试等。验证过程包括验证准备和验证实施。第3章对同行评审进行了详细说明,本章主要对代码审查、静态分析和单元测试进行详细介绍。

　　验证是验证工作产品是否恰当地反映了指定的需求。换句话说,验证确保“正确地构造了”工作产品。

　　本章通过对验证的一般要求进行说明,介绍了代码审查、静态分析、单元测试的实施方法。其中验证过程包括验证准备、验证实施两部分,是所有验证方法的共同要求。验证过程主要任务示意图如图4-1所示。

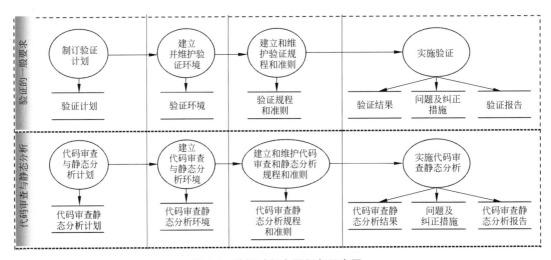

图 4-1　验证过程主要任务示意图

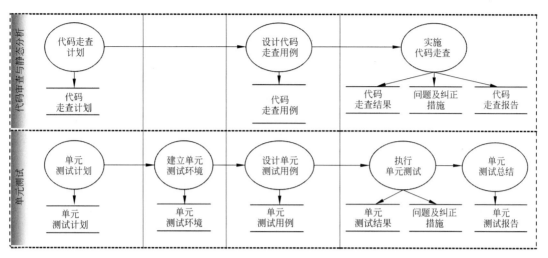

图 4-1（续）

4.2　验证的一般要求

验证活动包括制订验证计划、建立并维护验证环境、建立和维护验证规程和准则、实施验证四个环节。制订验证计划是有效开展验证的必要活动，是确保将验证纳入软件需求、设计、编码等环节而适时进行的必要措施。验证的主要方法包括代码审查、静态分析和单元测试等。验证还应确定验证所需的环境，包括支持工具、测试设备与软件、仿真、原型和设施等。验证规程和准则的建立是有效实施验证活动的重要保证。实施验证可以帮助发现和解决软件产品存在的问题。

4.2.1　制订验证计划

在项目的初期验证计划的内容主要为标识需要进行验证的工作产品和初步的验证方法。本章主要介绍对代码的验证方法，验证方法一般包括代码审查、静态分析和单元测试等。初步的验证计划可以写入软件开发计划。

验证计划的内容应随着项目的不断深入而更为具体。应包括需要验证的工作产品的具体验证项、每个验证项的验证方法、验证所需要的环境、与相应需求的追踪关系等。

制订软件验证计划是一个循序渐进的过程，随着软件研制过程而逐步实施。

（1）标识工作产品验证的具体内容。验证人员应根据一定的准则确定要验证的工作产品。标识工作产品验证的准则示例如下。

① 关键算法的实现代码；

② 安全关键的单元。

（2）标识工作产品要满足的需求。验证活动的目的就是要验证工作产品是否满足相应的需求，因此在制订验证计划时需要借助需求跟踪矩阵梳理工作产品应满足的要求。

（3）确定工作产品的验证方法。

（4）编写验证计划。将上述内容写入验证计划。项目的初步验证计划可以与项目管理计划集成，但具体的验证计划应独立成文。例如，单元测试计划等。

4.2.2　建立并维护验证环境

验证环境是开展验证活动的重要保障，验证环境的需求取决于验证所选的工作产品和所使用的验证方法。建立并维护验证环境活动包括明确验证环境需求、建立验证环境。

（1）明确验证环境需求。根据验证要求和验证方法确定验证所需要的环境需求，包括验证所需要的设备、设施和工具等，并对可重用和修改的验证资源进行说明。应对设备的详细配置和相关工具的版本进行详细描述。这部分内容应写入相关的验证计划中，例如，测试的环境需要可以写入测试计划中。

（2）建立验证环境。验证人员应根据计划适时建立验证环境，对于测试环境还应对环境是否符合要求进行验证。环境验证的内容包括验证内容、验证方式、验证结论和验证人员等。

4.2.3　建立和维护验证规程和准则

验证规程为实施验证提供过程和步骤要求，准则为评估工作产品是否满足要求提供依据。采用测试作为验证方法时，验证的规程体现在软件测试用例中，验证的准则体现在两个层次，一是每个测试步骤的期望结果和评估标准，二是测试用例通过的准则。

4.2.4　实施验证

实施验证就是依据制订的验证计划、验证方法、验证规程和准则对所选择的工作产品进行验证。实施验证的活动主要包括执行验证、分析验证的充分性、再次执行验证、分析验证结果和编写验证报告。

（1）执行验证。执行验证就是依据验证计划、验证规程执行验证，并如实、详细记录验证结果。使用的验证方法、环境、数据与验证计划、验证规程不一致时，应如实记录并说明其原因。

（2）分析验证的充分性。当验证执行完毕后，应根据验证要求和实际验证的结果，分析验证活动是否满足要求。若是因为工作产品的异常导致的不充分，应具体说明未完成的验证。若是因验证工作的不足造成的不充分，应进行补充验证，以便达到验证的要求。例如，当测试用例执行完毕后发现测试覆盖率为67%，未达到80%的覆盖率要求时，需要分析原因，若需要就应补充相应的测试用例。

（3）当对问题的纠正需要对工作产品进行更动时，应进行再一次的验证。再次验证前应对更动的影响进行分析，以便制订合理、可行的再次验证的计划和规程。

（4）分析验证结果。在获取验证结果后应将实际结果与期望结果进行比较，对验证结果进行分析。当验证结果与期望结果不一致时，应对验证数据进行分析，记录分析的结果，提交问题报告单。问题报告单模板如表4-1所示。

表 4-1 软件问题报告单模板

软件名称			问题标识	
问题类别	需求问题☐ 编码问题☐	设计问题☐ 数据问题☐	文档问题☐ 其他问题☐	
问题级别	重大问题☐	严重问题☐	一般问题☐	改进建议☐

问题追踪：

问题描述：

附注及修改建议：

报告人		报告日期	

注：软件问题分为重大、严重和一般三个等级。

（1）重大问题。软件问题导致程序无法继续运行、丧失主要功能或造成重大损失的，视为重大问题：

① 导致系统死机、崩溃或异常退出；

② 主要功能未实现或实现错误；

③ 造成人员、装备、环境等重大损失；

④ 重要数据丢失，且很难恢复。

（2）严重问题。软件问题对主要功能、性能有较大影响或造成严重损失，视为严重问题：

① 没有完整实现软件需求，对主要功能、性能等有较大影响；

② 没有正确实现软件需求，对主要功能、性能等有较大影响；

③ 造成人员、装备、环境等严重损失；

④ 重要数据丢失，但能以某种方式恢复；

⑤ 软件文档对主要功能、性能描述缺失或错误。

（3）一般问题。软件问题对软件功能性能有较小影响或造成一般损失，视为一般问题：

① 没有完整实现软件需求，对软件主要功能、性能影响较小，或对一般功能、性能造成影响；

② 没有正确实现软件需求，对软件主要功能、性能影响较小，或对一般功能、性能造成影响；

③ 软件操作与软件使用说明不符；

④ 软件文档存在准确性、一致性、错别字等影响较小的问题。

测试过程中发现的对其他不方便使用或对软件功能有轻微影响的问题可提出改进建议。

若对验证结果进行分析，确定其是由于验证方法、规程、准则和验证环境的问题时也需要进行标识和记录。

（5）编写验证报告。在分析验证结果的基础上形成验证报告，验证报告应说明验证的结果与验证依据的符合程度。

4.3 代码审查

代码审查是对软件代码进行静态审查的一项技术，目的是检查代码和设计的一致性、代码执行标准的情况、代码逻辑表达的正确性、代码结构的合理性及代码的规范性、可读性。

代码审查应根据所使用的语言和编码规范确定审查所用的检查单。代码审查一般需使用工具完成。审查内容包括(以结构化为例)：

(1) 格式；

(2) 程序语言的使用；

(3) 数据引用；

(4) 数据声明；

(5) 计算；

(6) 比较；

(7) 入口和出口；

(8) 存储器使用；

(9) 控制流；

(10) 参数；

(11) 逻辑和性能；

(12) 维护性和可靠性。

4.3.1　实施要点

代码审查的实施要点主要如下。

(1) 对于代码执行标准的情况、代码逻辑表达的正确性、代码结构的合理性及代码的可读性等，应明确规则检查标准，一般采用开发过程中遵循的标准，也可由测试方制定规则检查标准，规则检查标准应得到委托方的确认。

(2) 尽可能选用相应代码的规则检查工具进行测试，对工具设置的检查规则应符合评审通过的规则。对于工具的检查结果，特别是问题部分，需要人工确认。

(3) 检查代码和设计的一致性需要阅读设计文档和代码，以检查代码实现是否与设计一致。

(4) 报告发现的问题，形成代码审查报告。

(5) 由于软件代码的复杂性，代码审查的通过标准不宜设为 100% 满足；测试方可用百分比的方式提出建议通过标准，最终由委托方确定。

(6) 有条件时，在回归测试前，可对软件更改前后版本的代码进行比对。

4.3.2　审查过程

代码审查采用自动化测试工具与人工确认相结合的方式进行。

(1) 制定代码审查单。代码审查单应根据所使用的语言和编码规范制定，重点对代码执行标准的情况、代码逻辑表达的正确性、代码结构的合理性及代码的可读性等进行检查，需得到委托方的确认。通常采取在公认度高的通用检查单(如 MISRA C++：2008)的基础上根据具体情况剪裁的方式，制定所需要的代码审查单。代码审查单示例如表 4-2 所示。

表 4-2 代码审查单示例

序号	类别	检 查 项
1	初始化和定义	只读存储器空白单元的处理是否合理
2		随机存储器空白单元的处理是否合理
3		I/O 地址定义是否正确
4		实际地址范围是多少,可寻址范围是多少,对实际地址范围以外的寻址是否进行了正确的处理
5		变量是否唯一定义
6		变量名称是否容易混淆
7	数据引用	是否引用了未经初始化的变量
8		模块中间的数据关系是否符合约定
9	计算	数学模型的程序实现是否正确
10		变量值是否超过有效范围
11		对非法数据有无防范措施(如除法中除数为 0 等情况)
12		数据处理中是否存在累计误差
13		是否对浮点数的上溢和下溢采取了合理的处理方式
14		数据类型是否满足精度要求
15		数组是否越界
16		是否存在比较两个浮点数相等的运算
17	控制流	每个循环是否存在不终止的情况
18		循环体是否存在循环次数不正确的可能,如是否存在迭代次数多 1 或少 1 的情况
19		是否存在非穷举判断,如果输入参数的期望值为 1、2 或 3,那么逻辑上是否可以判定该值非 1、非 2 就必定是 3,这种假设是否正确
20		中断嵌套及现场保护是否正确
21		条件跳转语句中的条件判断是否正确
22		程序是否转错地方
23		控制逻辑是否完整
24		是否使用了 abort,exit 等跳转函数
25		函数中是否存在多个出口
26		循环中是否存在多个出口
27	多余物	用于增加程序的可测试性而引入的必要功能和特征是否经过验证,证明不会因此影响软件的可靠性和安全性
28		是否存在不可能执行到的模块、分支、语句
29		是否存在定义而未使用的变量及标号

序号	类别	检 查 项
30	安全可靠性设计	数据及标志有无防止瞬时干扰的措施,一般应采用"三比二"比对策略、定时刷新存储单元或回送比对后周期数据等措施
31		重要数据的无用数据位是否采用了屏蔽措施
32		对程序误跳转或跑飞是否采取了防范措施,如陷阱处理或路径判断
33		重要信息的位模式是否避免采用仅使用一位的逻辑"1"和"0"表示,一般使用非全"0"或非全"1"的特定模式表示
34		有无必要的容错措施
35	健壮性设计	对误操作是否有防范措施
36		对于软件的重要功能或涉及系统安全性的功能,一旦硬件发生故障时,软件是否能继续在特定程序上维持其功能
37	格式	程序注释是否正确、有意义
38		每个模块的入口处是否有头说明,包括功能、调用说明、入口说明、出口说明等
39		程序模块的注释率是否符合要求
40	数据处理	缓冲区的使用是否合理
41		数据处理流程是否高效、合理
42		数据处理逻辑是否正确、合理
43		数据处理是否通俗易懂
44		数据处理方法是否简洁、高效、合理
45	其他	模块的规模,即代码行数是否符合要求
46		模块的圈复杂度是否符合要求
47		模块的扇入、扇出数是否符合要求
48		模块的参数化率是否符合要求
49		堆栈的处理是否合理,是否存在错误
50		若使用了"看门狗"技术,其时间周期是否合理
51		每个模块是否完成一个主要功能
52	其他	模块的入口、出口是否进行了现场保护
53		全局变量的不恰当使用

（2）根据代码审查单,设定自动化测试工具的规则集,进行自动化代码规则检查。对于 C/C++ 语言,经常使用的自动化测试工具包括 TestBed,CodeCast 等。自动化测试工具运行后,将生成自动化检查的结果,一般地,自动化检查结果中将包含大量的提示、警告和错误信息,其中可能含有相当大比例的虚警或误报信息。

（3）采用人工方式对工具检查结果进行分析和确认。需对工具检查结果进行逐条分析,确认其指出的相应代码是否存在问题,必要时,可请软件开发人员对代码进行解释,协助确定问题。如果确实存在问题,应填写问题报告单。

(4)采用人工方式,检查代码和设计的一致性。这需要阅读设计文档和代码,比较代码实现是否与设计一致,目前只能通过人工方式进行。同样地,如果存在问题,应填写问题报告单。

在采用人工方式对工具检查结果进行确认,以及检查代码和设计的一致性时,可采用会议方式进行,应详细记录分析结果,特别是审查中发现的问题。应对问题的修改情况进行跟踪,必要时组织再次代码审查。

4.3.3　代码审查结果

完成代码审查后应形成代码审查报告。代码审查报告的内容一般包括审查对象概述、审查时间、审查人员、审查使用工具(如有)、代码审查分析与统计结果(软件单元的规模、圈复杂度、扇入扇出数、源代码注释率等静态特性)及审查问题等。

表 4-3 为一个代码审查结果的汇总统计示例。

表 4-3　代码审查情况统计表

审查软件	×××软件		软件标识		××-×××-×× 1.07	
审查人员	×××		审查使用工具		Testbed 9.5	
审查开始时间	××××年××月××日		审查结束时间		××××年××月××日	
模块名	规模行数	圈复杂度	扇入	扇出	注释率/%	违反代码规则处
F_COMMON 模块	96	7	4	2	24	24
F_CTCAD 模块	12	3	4	0	21	3
F_CYCL 模块	35	4	5	1	23	5
F_DLAYER 模块	214	11	7	3	35	57
F_DUF 模块	113	9	2	9	28	44
F_GEM 模块	78	5	11	1	26	23
……	……	……	……	……	……	……

本例结合了代码审查工具进行,所以编码规则检查的具体情况在工具所出具的结果报告中可以进一步查看。如果使用人工审查,可以结合表 4-2 的审查表来对每个模块进行审查,并列写其中每个模块的违反规则情况。

4.4　静态分析

静态分析是一种对代码的机械性的和程序化的特性分析方法,主要目的是以图形的方式表现程序的内部结构,供测试人员对程序结构进行分析。静态分析的内容包括控制流分析、数据流分析、接口分析、表达式分析等,可根据需要进行裁剪,但至少应进行控制流分析和数据流分析。

4.4.1　实施要点

在静态分析中,测试人员通过使用静态分析测试工具分析程序源代码的系统结构、数据结构、内部控制逻辑等内部结构,生成函数调用关系图、控制流图、内部文件调用关系图、子程序表、宏和函数参数表等各种图形图表,可以清晰地展现被测软件的结构组成,并通过对这些图形图表的分析,帮助测试人员阅读和理解程序,检查软件是否存在缺陷或错误。

1) 控制流分析

控制流分析中常用的有函数调用关系图和函数控制流图。函数调用关系图通过树形方式展现软件各函数的调用关系,描述多个函数之间的关系,是从外部视角查看各函数;函数控制流图是由节点和边组成的有向图,节点表示一条或多条语句,边表示节点之间的控制走向,即语句的执行,它是从函数内部考察控制关系,直观地反映函数的内部逻辑结构。

函数调用关系图的测试重点主要如下。

(1) 函数之间的调用关系是否符合要求。

(2) 是否存在递归调用。递归调用一般对内存的消耗较大,对于不是必须的递归调用应尽量改为循环结构。

(3) 函数调用层次是否太深。过深的函数调用容易导致数据和信息传递的错误和遗漏,可通过适当增加单个函数的复杂度来改进。

(4) 是否存在孤立的函数。孤立函数意味着永远执行不到的场景或路径,为多余项。

函数控制流图的测试重点主要如下。

(1) 是否存在多出口情况。多个程序出口意味着程序不是从一个统一的出口退出该变量空间,如果涉及指针赋值、空间分配等情况,一般容易导致空指针、内存未释放等缺陷;同时,每增加一个程序出口将使代码的圈复杂度增加 1,容易造成高圈复杂度的问题。

(2) 是否存在孤立的语句。孤立的语句意味着永远执行不到的路径,是明显的编程缺陷。

(3) 圈复杂度是否太大。一般地,圈复杂度不应大于 10,过高的圈复杂度将导致路径的大幅增加,容易引入缺陷,并带来测试难度和工作量的增加。

(4) 释放存在非结构化的设计。非结构化的设计经常导致程序的非正常执行结构,程序的可读性差,容易造成程序缺陷且在测试中不易被发现。

2) 数据流分析

数据流分析最初是随着编译系统有效目标码的生成而出现的,后来在软件测试中也得到成功应用,用于查找如引用未定义变量等程序错误或对未使用变量再次赋值等异常情况。

如果程序中某一语句执行时能改变某程序变量 V 的值,则称 V 是被该语句定义的;如果某一语句的执行引用了内存中变量 V 的值,则说该语句引用变量 V。

数据流分析考察变量定义和变量引用之间的路径,测试重点通常集中在定义/引用异常故障分析上。

(1) 使用未定义的变量。如果一个变量在初始化前被使用,其当前值是未知的,可能会导致危险的后果。

（2）变量已定义，但从未被使用。该类错误通常不会导致软件缺陷，但应对代码中的所有这种类型的问题进行检查和确认。

（3）变量在使用之前被重复定义。变量在两次赋值之间未被使用，这种情况比较常见，大部分情况下也不会导致软件缺陷，但也应该进行检查和确认。

（4）参数不匹配。指的是函数声明中的形参的变量类型与实参的变量类型不同，许多编译器对这种情况执行自动类型转换，但在某些情况下是危险的。

（5）可疑类型转换。指的是为一个变量赋值的类型与变量本身的类型不一致。类型转换时两种类型看起来可能很相似，但赋值结果可能会导致信息丢失。如果无法避免，应使用显式的强制类型转换。

4.4.2 静态分析过程

静态分析主要通过运行静态分析测试工具对程序代码进行自动化分析的方式开展，需使用人工方式对测试工具生成的结果进行分析并得出结论。如果存在问题，应填写问题报告单。静态分析情况统计示例如表 4-4 所示。

表 4-4　静态分析情况统计示例

被测软件	×××软件	软件标识	××-×××-××-1.07
执行人员	×××	执行时间	××××年××月××日
静态分析使用工具	Testbed 9.5		
控制流分析			
函数调用关系图检查	不通过	调用层次最高达 22 层	
函数控制流图检查			
F_COMMON 模块	通过	—	
F_CTCAD 模块	通过	—	
F_CYCL 模块	不通过	该函数存在多出口	
F_DLAYER 模块	通过	—	
F_DUF 模块	通过	—	
F_GEM 模块	通过	—	
……	……	……	
数据流分析			
变量和常量是否被引用	不通过	存在定义未使用的变量××和××	
变量使用前是否初始化	通过	—	
传递参数值是否正确	通过	—	

如无静态分析工具，也可完全由人工来执行静态分析，但是工作量较大，工作效率也相对较低。人工执行静态分析时可参考如表 4-5 所示的静态分析检查单。

表 4-5　静态分析检查单

静态分析内容		通过准则	结论			说明
			通过	不通过	不适用	
一、控制流分析						
1.1	是否存在任何条件下都不能运行到的代码	否				
1.2	是否存在不影响任何输入/输出的代码	否				
1.3	是否存在不合理的循环结构	否				
1.4	是否存在失败的递归过程	否				
1.5	是否存在无效的函数参数	否				
1.6	是否存在多个函数出口	否				
1.7	是否存在浮点数相等比较	否				
1.8	是否使用 GOTO 语句	否				
1.9	是否使用赋值测试语句	否				
二、数据流分析						
2.1	变量和常量是否被引用	是				
2.2	变量使用前是否初始化	是				
2.3	传递参数值是否正确	是				
三、接口分析						
3.1	各内部接口的定义与使用是否一致	是				
3.2	外部接口的定义是否一致	是				
四、表达式分析						
4.1	表达式中的括号使用是否正确	是				
4.2	存在数组下标越界	否				
4.3	表达式中的除数为 0	否				
4.4	是否有输入/输出数据超出定义域值域范围	否				
4.5	对负数开平方,或对 π 求正切值造成错误	否				
4.6	对浮点数计算的误差对结果造成较大影响	否				
五、质量度量指标						
5.1	文本度量-软件单元的语句数	小于 200				
5.2	注释度量-软件单元得有效注释率	大于 20%				
5.3	扇出数-函数调用的下层函数个数	小于 7				
5.4	局部变量-局部变量个数	小于 8				
5.5	函数参数-函数参数个数	不大于 7				

续表

静态分析内容		通过准则	结论			说明
			通过	不通过	不适用	
五、质量度量指标						
5.6	结构度量-圈复杂度	不大于 10				
5.7	结构度量-基本圈复杂度	不大于 4				

4.4.3　静态分析结果

　　静态分析的结果包括静态分析测试工具的原始结果,以及人工分析得出的结论。可以形成单独的静态分析报告,或者合并到其他静态测试(如代码审查)的报告中。

4.5　单元测试

4.5.1　概述

　　单元测试是对软件组成的最小单元进行的测试。一般来说,软件单元是软件设计中的最小单元,一个最小单元应有明确的功能、性能和接口,并且可清晰地与其他单元划分开。根据软件开发使用的编程语言不同,软件单元的划分也不尽相同,单元的选取可参考如下原则:

　　(1) 在结构化编程语言,如 C 语言的程序中,一般认为一个函数就是一个单元;

　　(2) 在面向对象编程语言,如 C++、Qt、Java 程序中,可以将一个类作为一个单元;

　　(3) 在可视化编程环境下的面向对象语言,如 Visual Basic、Visual C++ 或 C♯ 程序中,可以将一个窗体、组件作为一个单元。

　　有的观点认为软件测试的目的只在于发现软件错误。其实,这种观点是片面的。就软件单元测试而言,单元测试的目的是验证每个软件单元是否满足软件详细设计说明的各项要求,同时,其目的也包括发现软件单元可能存在的错误。根据现在软件工程的要求,单元测试的主要目的包括:

　　(1) 验证代码是否与软件设计一致。

　　(2) 发现软件代码是否存在错误。

　　(3) 跟踪软件的实现。

　　(4) 复核软件设计对软件需求的实现情况。

4.5.2　单元测试原则

　　在进行软件单元测试时,应该遵循以下原则。

　　(1) 单元测试应该依据软件详细设计进行。

（2）在对软件单元进行动态测试前，应对软件单元的源代码进行静态测试。静态测试的内容一般包括：代码和设计的一致性、代码执行标准的情况、代码逻辑表达的正确性、代码结构的合理性及代码的可读性等。

（3）单元测试应覆盖软件设计文档中规定的软件单元的所有功能要求。

（4）应对单元的健壮性进行测试。

（5）应对单元的内存使用率、响应时间等进行测试。

（6）测试用例的输入应至少包括有效等价类值、无效等价类值和边界数据值，既要对正常的处理路径进行测试，也要对异常处理路径进行测试。

（7）对于安全关键等级较高的软件（如 A、B 级软件），单元测试的语句、分支覆盖率均应达到 100%。对于用高级语言编制的 A、B 级软件，还需进行修正的条件判定覆盖（MC/DC）100% 测试。另外，应对没有覆盖到的语句和分支进行分析，说明其未被覆盖的原因。

（8）应对单元的输出数据及其格式进行测试。

4.5.3　单元测试环境

单元测试的重要特点就是需要开发一定的桩模块和驱动模块，这是单元测试环境区别于其他阶段测试的重要标志。

由于软件单元往往不是一个能够独立运行的程序，所以在进行单元测试时必须开发测试用的桩模块和驱动模块。驱动模块将测试数据注入要测试的软件单元，替代调用被测软件单元的角色，同时驱动模块需要记录相关结果。桩模块的作用是替代被测单元需要调用的软件单元，需要实现与被测单元的接口，模拟相应的操作，提供处理结果的记录。

建立单元测试环境的主要工作包括：

（1）开发必需的桩模块和驱动模块；

（2）准备单元测试数据；

（3）获取单元测试工具，包括购置和开发测试工具。

测试环境需要保证能够开展动态测试外，还应能够支持测试结果记录，测试覆盖率记录等。如图 4-2 所示为单元测试环境示意图，当被测软件单元需要调用多个模块才能完成单元测试时，需要开发桩模块模拟被调用的软件单元，如图 4-2 中桩模块 $1 \sim n$，若被调用的软件单元已通过测试时，可直接使用而不必开发桩模块，如图 4-2 中软件单元 $1 \sim m$。

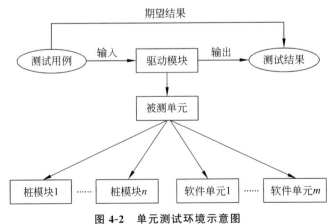

图 4-2　单元测试环境示意图

驱动模块和桩模块的设计原则包括：

（1）设计驱动模块和桩模块时应考虑测试用例执行所需满足的环境因素，如前置条件、后置条件等；

（2）应充分考虑驱动模块和桩模块的复用性；

（3）桩模块的设计应保证功能上与其替代的软件单元的一致性；

（4）尽量使测试数据与测试程序分离，提高测试数据、测试程序的灵活性和重用性。

在建立单元测试环境时，驱动模块的功能应满足如下要求：

（1）应可以接收测试数据输入，输入可以包括人工输入、数据文件输入等，测试数据不仅包括注入被测软件单元的数据，还可包括期望结果数据；

（2）将测试数据注入被测软件单元，一般情况采用调用被测单元的方式进行，利用参数传递将输入数据注入被测单元；

（3）记录和输出测试结果。

在建立单元测试环境时，桩模块的功能应满足如下要求：

（1）正确地完成被模拟软件单元的基本功能，这里所谓的完成基本功能并非真正实现被模拟软件单元的功能，而是简单地按照测试用例的需要，将调用被模拟软件单元的结果返回给被测软件单元；

（2）能够被正确调用，在参数个数、类型、顺序等方面与被模拟软件单元一致；

（3）有返回值，若被模拟软件单元有返回值，应根据测试用例的要求返回被模拟软件单元应有的返回值。

桩模块和驱动模块开发的工作量较大，有些还较为复杂，此时可以根据实际情况采取相应的单元测试策略。

4.5.4　单元测试内容

单元测试的目的是验证代码是否满足设计的要求，并发现在编码过程中引入的错误。单元测试的主要内容包括功能测试、性能测试、接口测试、局部数据结构测试、边界条件测试、独立路径测试和错误处理测试。

1. 功能测试

软件单元测试的功能测试是对软件设计文档规定的软件单元的功能进行验证。针对软件设计文档分配给软件单元的每一项功能进行测试，确认已实现的功能是否满足软件设计文档的要求。

2. 性能测试

软件单元测试的性能测试是对软件设计文档规定的软件单元的性能进行验证。如精度、时间、容量，应测试软件单元所实现的性能指标是否满足设计要求。

3. 接口测试

软件单元测试的接口测试是验证进出单元的数据流是否正确，接口测试是单元测试的基础。对单元接口数据流的测试必须在其他测试之前进行。

针对单元接口进行的测试，主要涉及如下几方面的内容。

（1）调用被测单元时的实际参数与该单元的形式参数的个数、属性、量纲、顺序是否一致。

（2）被测单元调用下层单元时，传递给下层单元的实际参数与下层单元的形式参数的个数、属性、量纲、顺序是否一致。

（3）是否修改了只作为输入值的形式参数。

（4）调用内部函数的参数个数、属性、量纲、顺序是否正确。

（5）被测单元在使用全局变量时是否与全局变量的定义一致。

（6）在单元有多个入口的情况下，是否引用了与当前入口无关的参数。

（7）常数是否当作变量来传递。

（8）输入/输出文件属性的正确性。

（9）OPEN 语句的正确性。

（10）CLOSE 语句的正确性。

（11）规定的输入/输出格式说明与输入/输出语句是否匹配。

（12）缓冲区容量与记录长度是否匹配。

（13）文件是否先打开后使用。

（14）文件结束条件的判断和处理的正确性。

（15）输入/输出错误是否检查并做了处理及处理的正确性。

4. 局部数据结构测试

在单元测试中，必须测试单元内部的数据能够保持完整性、正确性，包括内部数据的内容、格式及相互关系不发生错误。单元局部数据结构测试内容重点应考虑：

（1）局部数据的完整性，包括内容、格式及相互关系；

（2）数据类型及其说明的正确性和一致性；

（3）变量名的正确性，如变量名是否有拼写错误或缩写错误；

（4）变量使用的正确性，如未赋值或未初始化就使用变量；

（5）初始值或缺省值的正确性；

（6）是否有下溢、上溢或地址错误；

（7）全局数据对软件单元的影响。

5. 边界条件测试

在对单元进行边界条件测试时，应采用边界值分析方法来设计测试用例，测试与边界值相关的数据处理是否正确。边界测试主要检查以下内容：

（1）处理 n 维数组的第 n 个元素时是否出错；

（2）在 n 次循环的第 0 次、第 1 次、第 n 次是否有错误；

（3）运算或判断中取最大和最小值时是否有错误；

（4）数据流、控制流中刚好等于、大于、小于确定的比较值时是否出现错误等。

6. 独立执行路径测试

单元测试中，最主要的测试是针对路径的测试，在测试中应对模块中每一条独立路径进行测试。需要特别注意的测试内容主要包括以下内容。

1）计算错误

（1）算术优先级不正确。

（2）混合类型的运算不正确。

（3）初始化不正确。

（4）算法不正确。

（5）运算精确度不满足精度要求。

（6）表达式的符号表示不正确。

2）比较和控制流错误

（1）不同数据类型的比较。

（2）不正确的逻辑运算符或优先次序。

（3）因浮点运算精度问题而造成的比较不相等。

（4）关系表达式中不正确的变量和比较符。

（5）错误或不可能的循环终止条件。

（6）循环变量修改不正确。

7. 错误处理测试

良好的软件设计应该考虑软件投入运行后可能发生的错误，并在程序中采取相应的措施。错误处理测试的重点是检验如果模块在工作中发生了错误，其中的出错处理是否有效。错误处理常见问题主要有：

（1）所提供的错误描述难以理解；

（2）所提供的错误描述信息无法确定引发错误的位置或原因；

（3）显示的错误提示与实际错误不一致；

（4）对错误条件的处理不正确；

（5）对可能发生的错误未进行异常处理。

4.5.5　单元测试方法

单元测试方法可分为白盒测试方法和黑盒测试方法。

1. 白盒测试

白盒测试方法包括逻辑测试、数据流测试、程序变异、程序插桩、域测试和符号求值等。

一般情况下，单元测试对逻辑测试都会有较为明确的要求。逻辑测试是测试程序逻辑结构的合理性、实现的正确性。逻辑测试应由测试人员利用程序内部的逻辑结构及有关信息，设计或选择测试用例，对程序所有逻辑路径进行测试。通过在不同点检查程序的状态，确定实际的状态是否与预期的状态一致。逻辑测试一般需进行：

（1）语句覆盖；

（2）判定覆盖；

（3）条件覆盖；

（4）条件组合覆盖；

（5）路径覆盖。

2. 黑盒测试

黑盒测试方法主要用于软件单元的功能和性能方面的测试,单元测试中黑盒测试常用的方法和技术包括:

(1) 等价类划分法;

(2) 边界值分析法;

(3) 错误推测法;

(4) 因果图法。

在进行功能测试时,需要考虑使用正常数据、边界数据和异常数据来进行测试。另外,还需要考虑接口测试等。

4.5.6 单元测试用例设计

单元测试用例设计可以从以下 5 个方面考虑。

(1) 为系统运行设计用例。第一个单元测试用例一般应覆盖该软件单元的主要功能,主要基于两个目的:

① 证明单元已具备开始测试的条件;

② 验证单元测试环境的可用性。

常用的测试用例设计方法包括:

① 规范导出法;

② 等价类划分。

(2) 正向测试用例设计。测试人员应该依据软件详细设计文档设计单元测试用例,正向测试用例的作用就是验证详细设计文档中所规定的功能、性能指标是否实现。可使用等价类划分方法设计测试用例。测试用例设计时,应注意需要覆盖所有的功能、性能要求。

(3) 逆向测试用例设计。逆向测试就是验证被测软件单元没有做它不应该做的事情。在设计测试用例前应对软件单元进行静态分析,比较静态分析结果与软件详细设计文档是否一致,验证软件实现是否正确。在此基础上,可使用的测试用例设计方法包括:

① 错误猜测法;

② 边界值分析法。

(4) 特殊要求的测试用例设计。在对安全关键等级较高的软件进行单元测试时,需要对软件单元的性能、安全性、保密性等设计测试用例。常使用的方法是规范导出法,以及在安全性分析的基础上进行用例设计。

(5) 覆盖率测试用例设计。通过上述(1)～(4)进行的测试用例设计已经可以开展单元测试了,但为了达到软件单元测试的充分性要求,需要满足一定的覆盖率指标。当执行完上述测试后,若未能达到覆盖率指标要求,还需要分析覆盖率情况,确定未覆盖的原因,以便有针对性地补充设计测试用例。当确实因用例设计不充分时,可根据分析结果补充相应的测试用例。未达到覆盖率的原因可能有:

① 不可能注入的条件;

② 不可达或冗余代码;

③ 不充分的测试用例。

4.5.7 单元测试过程

单元测试依据软件设计文档,按照图 4-3 所示过程开展测试,单元测试过程分为以下 4 个阶段。

图 4-3 单元测试过程

1. 单元测试策划

依据软件设计文档进行单元测试策划,制订单元测试计划。单元测试策划应尽早进行,一般情况下,可以在软件设计初步完成时就开始进行策划。为了达到质量、进度、效率的平衡,应在单元测试策划时考虑如下因素:

(1) 软件的质量要求;

(2) 软件研制的进度安排;

(3) 软件单元的关键等级;

(4) 测试资源的限制。

单元测试策划的内容包括以下内容。

(1) 按照软件设计和软件质量要求确定软件单元测试的需求。包括:

① 需要进行测试的软件单元名称、标识;

② 需要测试的内容;

③ 提出每个单元的测试方法,包括驱动模块和桩模块的要求;

④ 提出每个单元测试的充分性要求;

⑤ 测试终止条件;

⑥ 优先级;

⑦ 对软件设计文档的追踪关系。

(2) 提出单元测试环境要求,包括测试工具等。

(3) 提出单元测试人员安排。

(4) 安排单元测试的进度计划。应依据测试需求、测试环境、人员等情况,制订合理可行的软件单元测试进度计划。

(5) 制定单元测试通过的准则。单元测试通过的准则如下:

① 软件单元功能与设计一致;

② 软件单元接口与设计一致;

③ 能够正确处理输入和运行中的异常情况;

④ 单元测试发现的问题得到修改并通过回归测试;

⑤ 达到了覆盖率的要求;

⑥ 单元测试报告通过评审。

单元测试策划完成时应编写软件单元测试计划。

2. 单元测试设计与实现

按照单元测试计划规定的内容开展动态测试用例的设计。按照用例要求完成桩模块和驱动模块的设计,完成测试环境的构设,准备动态测试数据。

3. 执行单元测试

按照测试计划、测试说明完成动态测试,记录测试结果、必要时还应完成相应的回归测试。

4. 单元测试总结

软件单元测试完成后应对单元测试工作进行总结,以便评估软件单元测试中的问题是否得到解决,单元测试工作是否达到充分性要求。单元测试总结的内容包括以下内容。

(1)对单元测试过程进行总结。应对单元测试策划、静态测试、动态测试过程进行总结,说明在测试策划过程、静态测试和动态测试中开展的主要工作、参与的人员和工作完成情况。

(2)对单元测试方法进行说明。应说明单元测试所采用的测试方法与策略,并说明采用这些方法的依据。

(3)对单元测试环境进行分析。应说明单元测试所使用的测试环境,包括测试工具、桩模块和驱动模块的情况,并对测试环境的差异性进行分析,说明测试环境是否满足单元测试的要求。

(4)对单元测试结果进行分析。单元测试结果的分析应包括对静态测试、动态测试,以及所有回归测试的情况的分析。主要内容包括:

① 测试时间;

② 测试人员;

③ 测试用例执行情况,内容包括测试用例数、通过的测试用例、未通过的测试用例、完全执行的测试用例、未完全执行的测试用例、未执行的测试用例;

④ 测试覆盖情况,包括对软件单元的覆盖情况,每个单元的覆盖情况(包括语句、分支、路径等的覆盖情况),说明是否满足测试充分性要求;

⑤ 说明单元测试过程中发现的问题,并对问题解决情况进行说明;

⑥ 若有遗留问题应说明遗留问题的处理措施;

⑦ 若有无法执行的测试应说明后续测试的计划等;

⑧ 对软件单元测试的整体情况进行评价,并提出改进的意见建议。

4.6　本章小结

验证活动是保证"正确地构造"产品的重要手段,把握好验证环节,就能够提供高质量的软件产品。因此,需要尽早地开展验证工作。对于高安全性、高可靠性要求的软件,要求进行语句分支覆盖测试,以有效保证测试的充分性。

第5章

确　认

5.1　概述

　　确认一是证实所提供的产品符合用户的要求,二是保证工作产品合适地反映了指定的需求。也就是说,确认是证明"做了正确的",而验证是确保"正确地做了"。确认活动所采用的方法与确认活动一致,例如,测试、分析、审查、演示等。最终用户和其他利益相关方共同参与确认活动。验证和确认活动可以一同进行,并可使用相同的环境。

　　基于确认的要求,对软件产品的确认需要在软件目标运行环境下进行,因此应该尽早进行确认活动的策划。确认活动主要包括制订确认计划、建立并维护确认环境、建立并维护确认规程和准则、实施确认和分析确认结果。关于对软件需求的确认可以使用评审的方式进行,也可以运用开发原型进行演示的方式进行确认。对于完成的软件产品可以采用测试的方式进行确认。本章主要说明确认测试的方法。

5.2　确认的一般要求

5.2.1　制订确认计划

　　如果有可能,项目应尽早地开展确认活动,并持续进行。因此,在项目策划时需要根据项目的特点制订初步的确认计划。初步的确认计划的内容主要为标识需要确认的工作产品和确认方法。需要确认的工作产品可以是需求、设计或原型,选择的原则是工作产品应能够最恰当地反映用户需求。

　　为了保证实施确认的可信性,应保证确认的环境尽可能地与目标环境一致。

　　确认计划的内容应随着项目的不断深入而更为具体。应包括需要确认的工作产品的具体要求、具体的确认方法、确认需要的环境,并建立与用户需求的追踪关系等。

　　确认计划主要包括如下内容。

　　(1) 确定需要确认的产品和产品部件。根据产品和产品部件与用户需要的关系来选择要进行确认的产品和产品部件。应确定每个产品部件的确认范围,例如,功能、接口和性能等。一般情况下,需要确认的产品和产品部件包括产品和产品部件的需求和设计、产品和产品部件、用户接口、用户手册等。

（2）确定每个产品和产品部件的确认方法。根据确认的产品和产品部件的特点选择适合的确认方法。确认方法不仅要明确确认技术途径，还要导出对设施、装备和环境的需要。这个过程中可能产生新的需求，这些需求也需要传递到需求开发过程域进行处理，例如，测试集与测试设备的接口需求。以确保能在支持该方法的环境中确认产品或产品部件。

因此，确认方法应在项目生存周期的早期明确，以便利益相关方清楚地理解并同意。

（3）说明确认活动所需要的资源，包括测试所需要的软、硬件资源。

（4）确定确认活动开展的依据。确认活动的实施是为了保证产品和产品部件满足客户、用户的需求，因此应明确确认活动开展的依据，以便有效地实施确认。

（5）编写确认计划。确认计划也应随着项目的不断细化逐步完善，因此，较早期的确认计划可以写入开发计划，随着项目的进展可进一步细化，并单独成文。例如，确认测试计划可以单独成文。

（6）与利益相关方评审确认计划。为了有效地实施确认计划，并保证确认计划的充分性、合理性和可行性，需要与利益相关方进行沟通，并达成共识。特别是需要客户、用户提供的数据、环境等的确认活动更需要得到客户、用户的支持。因此，在合适的时机开展确认计划的评审非常重要。有关评审的要求可参照同行评审的要求进行。

5.2.2　建立并维护确认环境

建立并维护确认所需要的环境是开展确认活动的重要环节。确认环境的需求由所选定的产品或产品部件、工作产品的类型，以及确认方法等导出。确认环境可以包括现有资源的重用，有些确认环境需要购置，有些测试程序需要开发，有些需求可能供给需求开发过程域进行开发。

确认环境中可能包括的类型，例如：

（1）与待确认产品接口的测试工具（如示波器、电子装置、探针）；

（2）临时的嵌入式测试软件；

（3）用于转储、进一步分析或重放的记录工具；

（4）仿真软件，包括其他子系统或部件仿真、接口仿真；

（5）实际接口系统；

（6）专用计算或网络的测试环境。

为了确保确认环境在需要时可以使用，必须及早选择要确认的产品或产品部件，以及确认的方法和环境需求。

对确认环境应采取必要的控制措施，以便确认结果分析、问题的复现及问题的再确认。

5.2.3　建立并维护确认规程和准则

在执行确认前应根据确认的依据、客户和用户的要求，定义确认规程和准则，以确保产品或产品部件，在预期的环境中能够满足客户和用户的要求。

（1）明确确认规程与准则。确认规程包括对工作产品确认的过程。确认准则需要根据确认的依据来制定。这些依据包括：

① 产品和产品部件需求；

② 标准；

③ 顾客验收准则；

④ 环境性能；

⑤ 性能偏差的阈值。

（2）文档化确认规程与准则。应按照相关的文档模板将确认的规程和准则进行文档化。包括确认的环境、运行场景、规程、输入、输出和准则。

（3）评审确认的规程和准则。确认的规程与准则是执行确认活动的依据，因此其合理性、有效性和充分性决定着确认活动的成败。因此，应在完成确认规程和准则后进行评审，标识存在的问题，并采取相应的措施使问题得到解决。需要说明的是，在执行确认过程中仍然可能需要对确认规程和准则进行修改。此时，应根据实际情况进行修改，但应记录变更的原因。

5.2.4　实施确认

执行确认，记录实际的确认过程和确认结果，并根据实际的结果与预期结果进行分析。当存在问题时，应根据纠正措施对更动后的产品和产品部件进行再一次的确认。当确认完成后，应对确认活动进行总结。

（1）执行确认。按照制订的确认计划、对选定的产品和产品部件，在所建立的确认环境下，使用明确的确认方法、规程和准则实施确认，并如实、详细地记录确认结果。使用的确认方法、环境、数据与确认计划、确认规程不一致时，应如实记录并说明原因。

（2）分析确认的充分性。当确认执行完毕后，应根据确认要求和实际确认的结果，分析确认活动是否满足要求。若是因为工作产品的异常导致的不充分，应具体说明未完成的确认。若是因确认工作的不足造成的不充分，应进行补充确认，以便达到确认的要求。

（3）当因为问题的纠正需要对工作产品进行更动时，应进行再一次的确认。再次确认前应对更动的影响进行分析，以便制订合理可行的再次确认的计划和规程。

（4）分析确认结果。在获取确认结果后应将实际结果与期望结果进行比较，对确认结果进行分析。当确认结果与期望结果不一致时，应对确认数据进行分析，记录分析的结果，提交问题报告单。若对确认结果进行分析确定是由于确认方法、规程、准则和确认环境的问题时，也需要进行标识和记录。

（5）编写确认报告。在分析确认结果的基础上形成确认报告，确认报告应说明确认的结果与确认依据的符合程度。

5.3　配置项测试

5.3.1　概述

软件配置项测试的对象是软件配置项。根据 GJB 2786A—2009，软件配置项是满足最终使用要求并由需方指定进行单独配置管理的软件集合。计算机软件配置项的选择基于对下列因素的权衡：软件功能、规模、宿主机或目标计算机、开发方、保障方案、重用计划、关键性、接口考虑、需要单独编写义档和控制及其他因素。

配置项测试一般情况下，应依据软件研制任务书、需求规格说明、接口需求规格说明和用户手册开展功能、性能、接口、安装、人机交互界面测试等。必要时，可包括文档审查、代码审查、静态分析、逻辑测试、强度测试、余量测试、安全性测试、恢复性测试、边界测试、数据处理测试和容量测试等。

软件配置项测试的目的主要包括：

(1) 确认该软件配置项是否达到了软件研制任务书、软件需求规格说明、软件接口需求规格说明等规定的各项要求；

(2) 确定是否可以进行软件配置项验收交付和参加后续的系统集成测试。

软件研制方应根据软件研制任务书和软件需求规格说明中定义的全部需求及软件配置项测试计划，开展软件配置项测试工作。

软件配置项与单元测试存在较为明显的差别，主要表现在以下 5 个方面。

(1) 测试对象不同。配置项测试的对象是软件配置项，而单元测试的对象是软件单元。

(2) 测试的依据不同。配置项测试的测试依据是软件研制任务书和(或)需求规格说明、接口需求规格说明和用户手册，而软件单元测试的测试依据是软件设计文档。

(3) 测试环境不同。单元测试在开发环境下进行即可，同时需要建立桩模块和驱动模块；而配置项测试在一般情况下，需要在目标环境下进行，并且需要开发相应的仿真程序和数据捕获程序。

(4) 测试策略不同。软件单元测试需要根据软件设计建立相应的测试策略，而软件配置项测试则一般采用黑盒测试方法。

(5) 测试内容存在差异。软件单元测试重点关注的是软件单元完成的功能，而配置项测试则需要从软件的方方面面考察软件研制任务书和(或)软件需求规格说明中描述的功能、性能、接口(配置项外部接口)、安全性、恢复性和安装性等是否符合要求。

5.3.2　配置项测试原则

为保证软件配置项测试的充分和有效，在进行软件配置项测试时，应遵循以下原则。

(1) 软件配置项测试的依据是软件需求规格说明和(或)软件研制任务书，需要时还应包括接口需求规格说明和软件用户手册，后续描述中将配置项测试依据统称为软件需求；

(2) 应逐项测试软件需求规定的软件配置项的功能、性能、接口等所有功能和非功能需求；

(3) 测试软件需求覆盖率应达到 100%，如果存在无法覆盖的情况，应说明原因，并制定后续处理的措施；

(4) 必要时，在高层控制流图中作结构覆盖测试；

(5) 软件配置项测试的环境应尽可能与软件目标环境一致，若不一致需要对差异性进行分析；

(6) 测试用例的输入应至少包括有效等价类值、无效等价类值和边界值；

（7）测试人员应尽可能地与开发人员分离；

（8）针对软件配置项的具体需求应增加相应的专门测试。

5.3.3　配置项测试环境

配置项测试一般需要在目标环境下进行。若无法使用实际的运行环境时，可以使用有效的仿真环境进行配置项测试。但是，应对仿真环境与实际运行环境的差异进行分析，确保仿真环境与实际运行环境是等效的。另外，配置项测试需要使用一些专用工具，甚至需要开发一些数据仿真和数据获取工具才能完成相应的测试。

配置项测试环境的建立可以从以下 4 个方面考虑。

1）硬件环境

在进行配置项测试时，应尽可能地使用软件实际的硬件环境。若确实无法保证环境的一致性，可搭建仿真环境来实现测试环境，但应对仿真环境与实际硬件环境的差异进行分析，并说明对测试结果的影响。

2）操作系统环境

在配置项测试中需要充分考虑操作系统的要求。

3）数据库环境

目前以数据库为基础的信息系统非常普遍，因此在进行配置项测试时，需要根据软件研制任务书或软件需求规格说明中描述的数据库环境要求建立配置项测试环境。这是因为不同的数据库系统的性能、容量都有差异，在配置项测试时要尤其关注这部分内容。

4）网络环境

网络环境是影响软件性能等的关键因素，因此在进行配置项测试时，应按照研制要求采用实际的网络环境。

5.3.4　配置项测试策略

配置项测试主要采用黑盒测试技术，对安全关键等级较高的软件，应适当地采用白盒测试技术保证测试的充分性。配置项测试策略需要根据被测软件的特点，确定测试仿真程序所需要提供的能力，并提出测试数据的要求。

进行软件配置项测试应具备以下基本条件：

（1）具有软件研制任务书和（或）软件需求规格说明（含接口需求规格说明）、用户手册/操作手册；

（2）已完成软件配置项的单元测试和集成测试；

（3）软件配置项已按照软件配置管理要求进行受控管理；

（4）软件配置项源代码通过编译或汇编；

（5）软件配置项通常需要进行功能测试、性能测试、接口测试、人机交互界面测试、强度测试、余量测试、安全性测试、恢复性测试、边界测试、数据处理测试、安装性测试和容量测试，具体的测试类型需根据软件需求确定。

5.3.5　配置项测试内容

配置项测试的内容应根据软件研制任务书和(或)需求规格说明(含接口需求)中的要求确定,下面简称软件需求。一般情况下,应包括如下内容:

(1) 软件需求中定义的功能需求;

(2) 软件需求中定义的性能需求;

(3) 软件配置项的人机交互界面提供的操作和显示界面的正确性要求;

(4) 应测试运行在边界状态和异常状态下,或在人为设定的状态下,软件配置项的功能和性能;

(5) 应按软件需求的要求,测试配置项的安全性和数据的安全保密性;

(6) 应测试配置项的所有外部输入/输出接口(包括和硬件之间的接口);

(7) 应测试配置项的全部存储量、输入/输出通道的吞吐能力和处理时间的余量;

(8) 应按软件需求的要求,对配置项的功能、性能进行强度测试;

(9) 应测试设计中用于提高配置项的安全性和可靠性的方案,如结构、算法、容错、冗余、中断处理等;

(10) 对安全性关键的配置项,应对其进行安全性分析,明确每一个危险状态和导致危险的可能原因,并对此进行针对性的测试;

(11) 对有恢复或重置功能需求的软件配置项,应测试其恢复或重置功能和平均恢复时间,并且对每一类导致恢复或重置的情况进行测试。

5.3.6　配置项测试方法

软件配置项测试主要采用黑盒测试技术,适当运用白盒测试技术。例如,对安全关键等级较高的嵌入式软件进行配置项级测试时,要辅助使用相应的白盒测试工具进行覆盖率统计和测试覆盖分析,帮助进行测试用例设计。

对安全关键等级较高的软件配置项测试,可能还包括文档审查、代码审查、静态分析、代码走查和逻辑测试。

软件配置项的测试内容主要是以软件研制任务书和(或)软件需求规格说明描述的软件需求(功能和非功能)为依据。另外,对一些软件配置项的隐含需求也需要进行测试。

软件测试的类型有很多种分类方法,较为常用的有传统的分类方法和以质量特性来划分的方法。这两种分类方法存在一定的对应关系,如表 5-1 所示。本书按照传统的分类方法进行介绍,本章主要介绍软件配置项测试常用的测试类型,包括功能测试、性能测试、接口测试、人机交互界面测试、强度测试、余量测试、可靠性测试、安全性测试、恢复性测试、边界测试、数据处理测试、安装性测试和容量测试、互操作性测试、兼容性测试。

一般情况下,可靠性测试和互操作性测试、兼容性测试等在系统测试中进行,相关内容将在后续章节进行介绍。进行哪些类型的测试,需要根据软件的具体特点作具体分析,不能一概而论。

表 5-1　质量特性与传统分类方法的对应关系

质量特性	传统分类														
	功能测试	性能测试	接口测试	人机交互界面测试	强度测试	余量测试	可靠性测试	安全性测试	恢复性测试	边界测试	数据处理测试	安装性测试	容量测试	互操作性测试	兼容性测试
适合性	✓									✓	✓				
准确性		✓									✓				
互操作性			✓											✓	
安全保密性								✓							
成熟性					✓		✓								
容错性			✓		✓		✓	✓		✓					
易恢复性									✓						
易理解性	✓			✓											
易学性	✓			✓											
易操作性	✓			✓											
吸引性				✓											
时间特性		✓				✓							✓		
资源利用性		✓				✓							✓		
易分析性	✓			✓											
易改变性	✓			✓											
稳定性	✓														
易测试性	✓														
适应性	✓											✓			
易安装性												✓			
共存性															✓
易替换性															✓

5.3.6.1　功能测试

功能测试是软件配置项测试中最基本的测试,主要是依据软件需求规格说明中的功能需求进行的测试,以确认其功能是否满足要求。

1)测试技术要求

功能测试一般需进行下列各项的测试,其中(1)(2)(3)项为必做项:

(1)使用正常值等价类进行测试;

(2)使用异常值等价类进行测试;

（3）对每个功能使用合法边界值和非法边界值进行测试；

（4）用一系列真实的数据进行超负荷、饱和及其他"最坏情况"的测试；

（5）在配置项测试时，应对配置项控制流程的正确性、合理性等进行测试。

2）实施要点

配置项功能测试一般是基于软件需求规格说明的测试，应对软件需求规格说明进行分析，梳理出测试需求项，确定测试输入数据和输出数据，提出可能需要的数据准备要求、测试工具和需开发的测试程序等要求，具体的步骤如下。

（1）根据软件需求规格说明标识需测试的每一项功能需求，包括隐含的功能需求。在功能测试中，需要特别关注隐含需求的梳理，根据笔者从事软件测试多年的经验，研制人员在需求规格说明中明确描述的软件功能需求一般最多达到80%。而出现问题最多的地方往往涉及隐含需求。

（2）确定每一项功能应满足的要求。

（3）分析每一项功能可能出现的异常情况。

（4）对功能测试需求划分优先级。如果软件需求规格说明中已明确各项功能的优先级，测试需求的优先级应与需求规格说明中的相应优先级保持一致；否则，可以根据该功能失效后对软件造成的影响确定测试需求的优先级。

（5）对每项功能测试需求应确定测试数据输入和测试结果捕获方法。

（6）功能测试中最常用的测试设计方法是等价类划分方法，包括有效等价类和无效等价类。有效等价类用于正常工作流程、正常输入值测试；无效等价类用于非正常工作流程、非正常值输入测试。

（7）边界值分析方法是功能测试中对等价类划分方法的重要补充。很多情况下，软件在处理边界值时经常会发生错误，因此针对边界进行分析、测试十分必要。

（8）因果图、决策表、基于场景的测试、组合测试和猜错法等第3章中介绍的动态测试用例设计方法，可以根据软件配置项实现的具体功能适当地加以应用。

5.3.6.2　性能测试

性能测试是对软件需求规格说明中规定的性能需求逐项进行的测试，以验证其性能是否满足要求。

1）测试技术要求

性能测试一般需进行下列各项的测试，其中(1)(2)(3)项为必做项：

（1）软件在定量结果计算时的处理精度测试；

（2）软件时间特性和实际完成功能的时间（响应时间）测试；

（3）软件完成功能所处理的数据量测试；

（4）软件运行所占用空间的测试；

（5）软件负荷潜力测试。

2）实施要点

（1）按照软件需求规格说明标识需要测试的性能需求，额外增加的性能测试需求应得到用户的确认，并且性能指标要适当考虑软件的应用环境和任务要求。

（2）测试处理精度时，可通过捕获输出数据确认软件的处理精度是否满足要求。

（3）测试软件响应时间时，可通过记录处理前时间 T_1 和处理后时间 T_2，计算处理后与处理前时间之差获得软件响应时间。

（4）测试软件数据处理周期、数据量时，可按照软件需求规格说明中要求的速度或数据量发送数据，捕获处理后输出的数据正确且无丢失即可认为满足要求。

（5）对于时间指标的测试，需要使用相匹配的测量设备，根据需要可在时统时间、计算机时间、手持秒表等设备中选取。

（6）当时间指标要求高于 1 秒时，应编写测试程序获得时统时间或者计算机时间作为计算时间。

（7）由于测试的不确定性，性能测试用例应执行多次，应准确、详细地记录实际的执行结果，并进行最大值、最小值、平均值等分析。

（8）性能测试时，应考虑在正常、最好、最坏情况下的性能差异。

（9）与硬件环境相关的性能测试应在目标环境下实施。

5.3.6.3　接口测试

接口测试是对软件需求规格说明或设计文档的接口需求逐项进行的测试。

1）测试技术要求

接口测试一般需进行下列各项的测试，其中（1）（2）项为必做项：

（1）测试所有软件配置项的外部接口，包括与其他软件配置项和硬件配置项之间的接口，检查接口信息的格式及内容是否满足要求；

（2）对每一个外部输入/输出接口必须进行正常和异常情况的测试。

2）实施要点

（1）配置项接口测试的依据是软件需求规格说明中的外部接口定义或软件接口需求规格说明中定义的接口。

（2）对输入接口进行测试时，应按照接口信息的格式和内容，使用测试程序输入格式正确、内容正确的测试数据，以及格式错误、内容错误的测试数据。

（3）对输出接口进行测试时，应使用测试程序捕获被测软件的输出数据，检查是否满足接口信息的格式要求，内容是否正确。

（4）对 API 接口进行测试时，需要关注是否支持多个调用的情况。

（5）对 TCP、串口类接口进行测试时，应模拟几帧粘连在一起的情况，测试应用软件是否能从粘连的数据中提取有效数据。

（6）对网络接口进行测试时，应关注如下错误类型的测试：

① 任务标志错误，包括不存在的任务标志或非本次任务标志；

② 信源信宿错误，包括不存在的信源信宿或非规定的信源信宿；

③ 数据标志错误，不存在的数据标志或非规定的数据标志；

④ 包序号错误，包括包序号不连续、包序号倒序、包序号重复；

⑤ 数据域错误，包括数据域长度字段值小于实际数据域长度、数据域长度字段值大于实际数据域长度等。

（7）对以文件方式定义的接口进行测试时，错误一般应包括文件不存在、文件打开失败、文件保存失败、文件中数据不符合要求、文件中数据字段不完整等。

（8）对数据库接口进行测试时，应对下列内容进行测试：

① 数据库连接异常及恢复；

② 大规模并发访问控制；

③ 数据表增删改权限控制；

④ 数据库同步操作；

⑤ 数据库备份及还原；

⑥ 数据标识唯一性判别；

⑦ 数据表元素修改和插入的不完整提交；

⑧ 数据元素完整性判别；

⑨ 异常数据元素字段写入和修改控制；

⑩ 数据表间一致性检查；

⑪ 数据元素修改和删除的依赖控制；

⑫ 数据表键值设计合理性检查等。

5.3.6.4　人机交互界面测试

人机交互界面测试是对所有人机交互界面提供的操作和显示界面进行的测试，以检验是否满足用户的要求。

1）测试技术要求

人机交互界面测试一般需进行下列各项的测试，其中必做（2）（3）两项中的一项：

（1）测试操作和显示界面及界面风格与软件需求规格说明、用户手册或操作手册中要求的一致性和符合性；

（2）以非常规操作、误操作、快速操作来检验人机界面的健壮性；

（3）测试对错误命令或非法数据输入的检测能力与提示情况；

（4）测试对错误操作流程的检测与提示；

（5）对照用户手册或操作手册逐条进行操作和观察。

2）实施要点

（1）人机交互界面测试的依据是软件用户手册或操作手册。

（2）首先对照用户手册或操作手册逐条进行操作和检查。

（3）通过界面输入错误的和无效的参数，如对需要输入整数的界面操作，可输入字符、浮点数等非法值，测试软件是否有相应的验证和防范措施。

（4）在进行是否设置缺省值的测试时，可在界面中不输入任何数值或字符，测试软件是否采用缺省值进行后续工作。

（5）在进行违反流程的测试中，应对用户使用过程中，可能出现的违反操作流程的情况进行测试，测试软件是否具有防止误操作的能力。

（6）使用界面测试工具，编写界面快速操作和重复操作的脚本，测试软件是否具有快速响应能力或具有防止重复操作的机制。

（7）测试对重要信息进行不可逆操作时，如删除等操作，是否有防范误操作手段或提示确认操作的信息。

5.3.6.5　强度测试

强度测试是强制软件运行在不正常到发生故障的情况下（设计的极限状态到超出极限），检验软件可以运行到何种程度的测试。

1）测试技术要求

一般根据软件配置项的具体需求选择进行如下强度测试：

（1）提供处理的最大信息量；

（2）提供数据能力的饱和实验指标；

（3）提供最大存储范围（如常驻内存、缓冲、表格区、临时信息区）；

（4）在能力降级时进行测试；

（5）在人为错误（如寄存器数据跳变、错误的接口）状态下进行软件反应的测试；

（6）通过启动软件过载安全装置（如临界点警报、过载溢出功能、停止输入、取消低速设备等）生成必要条件，进行计算过载的饱和测试；

（7）需进行持续一段规定的时间，而且连续不能中断的测试。

2）实施要点

（1）一般情况下，强度测试与软件配置项的性能要求有较为紧密的关系，因此，可以针对性能要求考虑对软件配置项的强度进行相应的测试。

（2）强度测试重点考察软件在运行环境最为复杂的情况下，完成相应功能的能力，因此需要设计软件在复杂情况下所需的环境。

（3）对与数据流量相关的强度测试时，首先输入正常数据量，然后逐步提高数据量使其达到性能指标所要求的数据量，观察被测软件输出是否正常，在该数据量下运行所要求的时间后，继续提高数据量以达到性能下降的临界状态，记录临界状态下的数据量。继续提高数据量，使被测软件处于降级处理状态，随后降低数据量，使被测软件恢复正常。在测试过程中，应关注被测软件的 CPU、内存占用及其他相关的性能指标情况。

（4）在进行软件长时间连续运行的测试时，时间应以软件需求规格说明或其他相关文档中要求的为准。没有明确要求的，默认为一个业务周期。在连续运行过程中，应达到最大处理能力并略超出一点，再恢复到正常处理水平，重复操作多次。

5.3.6.6　余量测试

余量测试是对软件是否达到需求规格说明中要求的余量的测试。没有明确要求时，一般至少保留 20% 的余量。

1）测试技术要求

一般根据软件配置项的具体需求选择进行如下余量测试：

（1）全部存储量的余量；

（2）输入/输出及通道的吞吐能力余量；

（3）功能处理时间的余量。

2）实施要点

（1）余量测试一般与功能、性能、强度等测试一起进行。

（2）应注意观察软件在功能、性能、强度等测试中，处于空闲、正常、满负荷、临界状态下的 CPU 和内存的使用情况,并计算出余量。

(3)在进行处理时间的余量测试时,使软件保持正常运行状态,观察功能处理时间,与软件需求规格说明中要求的功能处理时间进行比较,计算出余量。

(4)在进行输入/输出及通道的吞吐能力余量测试时,可通过输入最大数据量,观察被测软件的输出,与软件需求规格说明中要求的输入/输出及通道吞吐能力进行比较,计算出相应的余量。

(5)软件配置项余量测试一般应在软件的目标运行环境下进行,若采用仿真环境,应充分分析其差异性,以便保证测试结果的有效性。

(6)同性能测试相同,余量测试也需要进行多次测试。

5.3.6.7　安全性测试

安全性测试是检验软件中已存在的安全性、安全保密性措施是否有效的测试。测试应尽可能在符合实际使用的条件下进行。

1）测试技术要求

一般根据软件配置项的具体需求选择进行如下安全性测试:

(1)对安全关键等级较高的软件配置项,必须单独测试安全性需求;

(2)在测试中全面检验防止危险状态措施的有效性和每个危险状态下的反应;

(3)对设计中用于提高安全性的结构、算法、容错、冗余及中断处理等方案,必须进行针对性测试;

(4)对软件处于标准配置下其处理和保护能力进行测试;

(5)应进行对异常条件下系统/软件的处理和保护能力的测试(以表明不会因为可能的单个或多个输入错误而导致不安全状态);

(6)对输入故障模式的测试;

(7)必须包含边界、界外及边界结合部的测试;

(8)对"0"、穿越"0"及从两个方向趋近"0"的输入值的测试;

(9)必须包括在最坏情况配置下的最小输入和最大输入数据率的测试;

(10)对安全性关键的操作错误的测试;

(11)对具有防止非法进入软件并保护软件的数据完整性能力的测试;

(12)对双工切换、多机替换的正确性和连续性的测试;

(13)对重要数据的抗非法访问能力的测试。

2）实施要点

(1)对关键等级较高的软件配置项进行软件安全性测试时,应基于软件安全性分析的基础开展。

(2)安全性测试内容应覆盖所有安全性需求。

(3)在进行软件安全性测试时,应考虑各种异常输入和异常操作。

(4)对安全关键的操作进行测试时,需要测试其是否提供再次确认操作。

(5)在进行双工切换操作时,需要考虑以下测试内容:

① 重复多次双工切换、多机替换;

② 模拟无主机的状况,测试软件是否能报警或自动选出一个主机;

③ 模拟多主机的状况,测试软件是否能报警或自动选出一个主机,并且在多主机期间没有产生违反安全性的后果。

(6) 测试用错误用户名、错误密码、超出权限等非法身份访问软件。

(7) 应检查软件在进行权限判断时,是否无信息泄露。

(8) 对于可远程提供 SQL 查询语句的软件,应测试其防止"SQL 注入"攻击的能力。对于可远程提供命令行执行语句的软件,应测试其防止"Shell 命令注入"攻击的能力。

(9) 对有用户权限管理的软件,除了应进行各类用户权限管理测试外,还应检查保存用户密码的数据库或文件是否进行了加密保存,对安全关键数据是否进行了加密处理。

(10) 测试各种资源不满足的情况,软件是否能够避免崩溃或异常退出。例如,文件访问操作中路径不存在、文件不存在、网络应用中网卡禁用/不存在、串口通信软件找不到串口设备等。

5.3.6.8　恢复性测试

恢复性测试是对有恢复或重置功能的软件的每一类导致恢复或重置的情况,逐一进行的测试,以验证其恢复或重置的能力。恢复性测试是要证实在克服硬件故障后,系统能否正常地继续进行工作,且不对系统造成任何损害。

1) 测试技术要求

一般根据软件配置项的具体需求选择进行如下恢复性测试:

(1) 探测错误功能的测试;

(2) 能否切换或自动启动备用硬件的测试;

(3) 在故障发生时能否保护正在运行的作业和系统状态的测试;

(4) 在系统恢复后,能否从最后记录下来的无错误状态开始继续执行作业的测试。

2) 实施要点

(1) 软件恢复性测试应按照软件需求规格说明中定义的软件恢复性要求进行。

(2) 嵌入式软件"看门狗"测试被认为是恢复性测试中的典型类型。在进行"看门狗"测试时,可修改被测软件代码,加入死循环代码。通过引发死循环,测试软件在这种情况下,是否能够通过看门狗复位使程序重新启动。

(3) 软件断点续传功能的测试被认为是较为典型的恢复性测试。

(4) 对具有数据恢复能力的软件,测试在断电等异常情况发生时,软件重新运行后恢复运行的能力。

5.3.6.9　边界测试

边界测试是对软件处在边界或端点情况下运行状态的测试。

1) 测试技术要求

一般根据软件配置项的具体需求选择进行如下边界测试:

(1) 软件的输入域和输出域的边界或端点的测试;

(2) 状态转换的边界或端点的测试;

(3) 功能界限的边界或端点的测试;

(4) 性能界限的边界或端点的测试;

（5）容量界限的边界或端点的测试。

2）实施要点

（1）边界测试不仅要考虑输入域的测试，还需要进行输出域的测试。

（2）边界测试一般需考虑小于下边界、等于下边界、大于下边界、小于上边界、等于上边界、大于上边界 6 种情况的测试。

（3）对输出域的边界测试，应通过控制输入数据实现输出边界的测试。

（4）性能界限的边界测试往往是强度测试的考虑内容，可一并考虑。

（5）容量界限的边界测试与容量测试是一致的。

（6）对于功能边界的测试，应建立达到功能边界的条件。例如，超过某个边界时使用不同的测量设备，测试时就需要建立模拟输入，使系统刚好处于这种状态下，检查是否按照规定选择了正确的测量设备。

5.3.6.10　数据处理测试

数据处理测试属于功能测试的具体化，是对完成专门数据处理功能所进行的测试。

1）测试技术要求

数据处理测试一般需进行以下（2）（3）（4）（5）测试项中至少一项测试：

（1）数据采集功能的测试；

（2）数据融合功能的测试；

（3）数据转换功能的测试；

（4）剔除坏数据功能的测试；

（5）数据解释功能的测试，例如，拆包、解包。

2）实施要点

（1）通常情况下，在软件需求规格说明中有专门的数据处理功能时，需进行数据处理测试。

（2）在进行采集功能测试时，应进行如下测试：

① 数据采集周期是否与需求一致，特别是需对多种数据进行采集时各自不同的采集周期是否符合要求，另外还应对采样时间有中断、误差是否有积累等情况进行测试；

② 有多路数据时，数据的选择策略是否正确。

（3）在进行数据融合功能的测试时，应进行如下测试：

① 应进行单个数据跳点处理方法的正确性测试；

② 应使用等价类方法，采用有效等价类、无效等价类和边界值进行测试；

③ 应对有误差修正要求的数据进行误差修正测试；

④ 应考虑过零时数据融合处理是否正确；

⑤ 应考虑部分数据异常时，数据融合处理是否正确；

⑥ 应考虑时间信号异常时，数据融合处理是否正确。

（4）在进行数据转换功能的测试时，应进行如下测试：

① 量纲转换正确性测试；

② 时间制使用正确性测试，例如，北京时或世界时、十二小时制或二十四小时制，特别关注过零点的处理；

③ 关键时间正确性判断方法测试,如"三取二"或"七取四"判断方法;

④ 当软件使用多个坐标系进行数据处理时,应对不同坐标系下,数据转换正确性进行测试。

（5）在进行数据解包功能的测试时,应进行如下测试:

① 数据帧格式的正确性测试,如一帧只含一包完整数据、一帧含多包完整数据、多帧含一包完整数据等情况;

② 应考虑数据帧异常情况的测试,如一帧中数据包数标志与实际数据包数不一致、数据包识别码与实际数据内容不一致等。

5.3.6.11　安装性测试

安装性测试是对安装过程是否符合安装规程的测试,以发现安装过程中的错误。

1）测试技术要求

一般根据软件配置项的具体需求选择进行如下安装性测试。

（1）不同配置下的安装和卸载测试。

（2）安装规程的正确性测试。

2）实施要点

（1）安装性测试应按照软件用户手册/操作手册中规定的安装规程进行,在被测软件要求的软/硬件配置下安装被测软件,并运行被测软件,验证安装后被测软件的各项功能运行正常之后才能确认安装功能正常。

（2）卸载被测软件,验证卸载被测软件后是否影响其他软件的运行。完成卸载后,应重新进行安装,验证软件是否能够正确地被重新安装,并检查安装后各项功能是否能够正常运行。

（3）应在安装前获得计算机当前应用程序清单,安装和卸载后检查应用程序清单,比对两个清单检查软件安装和卸载功能是否正确。

（4）对于专用软件,应在目标计算机环境下执行安装和卸载测试。对于通用软件,需在其支持的各种软件平台环境下进行测试,如 Windows 系统,在 Windows XP、Windows 7、Windows Server 2008 及 Windows 8 等环境下测试,必要时,还需在已安装杀毒软件的环境下进行测试。

5.3.6.12　容量测试

容量测试是检验软件的能力最高能达到什么程度的测试。

1）测试技术要求

容量测试一般应测试在正常情况下,软件所具备的最高能力,如响应时间或并发处理个数等能力。

2）实施要点

（1）一般情况下,容量指最快的响应时间、最大的并发数量或最大的吞吐量等,在强度测试过程中获得的临界值即为软件的最高处理能力。

（2）容量测试一般结合性能测试、强度测试、余量测试等其他测试进行。

（3）容量测试的实施要点见强度测试的实施要点。

5.3.7 配置项测试过程

软件配置项测试依据软件需求文档,按照如图 5-1 所示过程开展测试,配置项测试过程分为以下 4 个阶段。

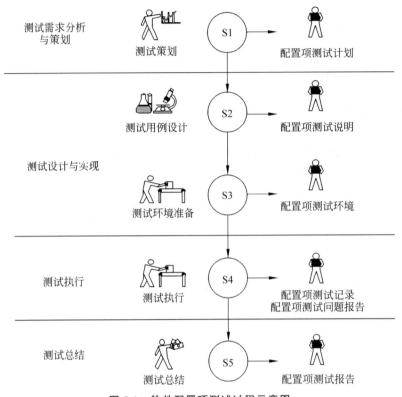

图 5-1 软件配置项测试过程示意图

(1)配置项测试需求分析与策划。依据软件需求文档进行配置项测试需求分析与策划,软件需求文档包括软件研制任务书、软件需求规格说明、接口需求规格说明和软件用户手册,制订软件配置项测试计划。

(2)配置项测试设计与实现。依据软件需求文档、软件配置项测试计划设计配置项测试用例,开发必要的配置项测试程序。

(3)配置项测试执行。按照软件配置项测试计划、测试说明明确的测试策略、测试环境,执行测试用例,记录实测结果和测试过程出现的问题。当软件问题修改后还需要进行回归测试。

(4)配置项测试总结。根据实测结果、期望结果和评估准则分析测试数据,形成测试报告。测试报告完成后,应对整个配置项测试的情况、文档等进行评审,以确保配置项测试的有效性。

5.3.7.1 测试需求分析与策划

为了保证软件研制进度,一般情况下,可在软件需求分析完成后开展软件配置项测试策划、测试设计与实现工作。完成配置项测试策划工作时,应编写软件配置项测试计划。

在配置项测试策划时考虑如下因素:

(1) 软件的质量要求;

(2) 软件研制的进度安排;

(3) 软件测试的优先级;

(4) 测试资源的限制。

配置项测试需求分析与策划的内容如下。

(1) 按照软件需求和软件质量要求确定软件配置项测试的需求。包括:

① 被测软件名称、标识;

② 采取的配置项测试策略;

③ 明确需要进行的测试类型;

④ 明确每个测试类型下的测试项;

⑤ 提出每个配置项的测试方法;

⑥ 提出配置项测试的充分性要求;

⑦ 测试终止条件;

⑧ 优先级;

⑨ 对软件需求文档的追踪关系。

(2) 提出配置项测试环境要求,包括测试所需的测试程序等。

(3) 提出配置项测试人员安排。

(4) 安排配置项测试的进度计划。应依据测试需求、测试环境、人员等情况,制订合理可行的软件配置项测试进度计划。

(5) 制定配置项测试通过的准则。配置项测试通过的准则如下:

① 配置项的软件功能、性能、接口等需求与软件需求一致;

② 配置项测试发现的问题得到修改并通过回归测试;

③ 满足配置项测试终止条件;

④ 配置项测试报告通过评审。

配置项测试需求分析与策划完成后,应编写软件配置项测试计划(或大纲)。配置项测试计划是否合理可行、是否满足充分性要求等需要进行验证,因此,应对软件配置项测试计划进行评审。

5.3.7.2　测试设计与实现

配置项测试设计与实现阶段的主要工作是依据软件需求文档和配置项测试计划,进行配置项测试用例的设计,并完成必要的配置项测试环境的建立和验证。配置项测试设计与实现阶段完成时,应编写配置项测试说明、配置项测试所需测试环境和测试环境验证情况报告。

1) 设计配置项测试用例

在进行配置项测试用例设计时,应遵循如下原则:

(1) 应针对软件配置项测试计划中提出的测试项进行测试用例设计;

(2) 测试软件需求覆盖率应达到100%,如果存在无法覆盖的情况,应说明原因;

（3）测试用例的输入应至少包括有效等价类值、无效等价类值和边界值；

（4）测试步骤应明确、具体；

（5）测试数据应说明数据的主要特征；

（6）应明确测试评估准则，必要时说明误差范围。

2）建立配置项测试环境

配置项测试时，往往会遇到目标运行环境还不完备的情况。因此，建立配置项测试环境时，需要考虑这些风险，尽早制订缓解措施和应急计划，以保证配置项测试工作的顺利实施。

在条件允许的情况下，应尽可能使用目标运行环境以保证配置项测试的有效性。如果确实无法使用真实环境，建立的仿真环境需要经过认真分析和确认，保证与真实环境的等效性。

3）测试就绪评审

为了保证配置项测试的充分性，需要对配置项测试计划、说明和测试环境就绪情况进行评审，评审的内容包括：

（1）配置项测试策略是否恰当；

（2）测试类型和测试项是否充分；

（3）测试项是否包括了测试终止要求；

（4）是否充分考虑了配置项测试可能的风险，缓解和应急计划是否恰当；

（5）测试说明是否完整、正确和规范；

（6）测试设计是否完整和合理；

（7）测试用例是否可行和充分；

（8）通过比较测试环境与软件真实运行的软件、硬件环境的差异，审查测试环境要求是否正确合理、满足测试要求；

（9）文档是否符合规定的要求。

5.3.7.3　测试执行

配置项测试执行活动依据配置项测试计划与测试说明，按测试执行顺序进行配置项测试，记录实际的测试结果。当发现问题时，应进行分析，如果是测试的问题应根据实际情况调整测试计划和说明，补充相应的测试；如果是软件的问题应如实、详细地记录测试结果，并提交问题报告。问题报告中应详细描述问题现象、问题类型和级别，给出改进意见及建议，为随后的问题定位、解决提供支持。

如果软件进行了更改，应进行相应的回归测试。回归测试的详细内容参见第8章的介绍。

5.3.7.4　测试总结

软件配置项测试完成后，应对配置项测试工作进行总结，以便评估软件配置项测试中的问题是否得到解决，配置项测试工作是否到达充分性要求。测试结果分析总结应写入软件测试报告，并应进行测试报告评审。

1）配置项测试分析总结

配置项测试分析总结的内容如下。

（1）对配置项测试过程进行总结。应对配置项测试策划、测试设计与实现、测试执行过程进行总结，说明在各过程中开展的主要工作、参与人员和工作完成情况。

（2）对配置项测试方法进行说明。应说明配置项测试所采用的测试方法与策略，并说明采用这些方法的依据。

（3）对配置项测试环境进行分析。应说明配置项测试所使用的测试环境，包括测试工具、测试程序的情况，并对测试环境的差异性进行分析，说明测试环境是否满足配置项测试的要求。

（4）对配置项测试结果进行分析。配置项测试结果的分析，应包括对测试执行过程及所有回归测试情况的分析。主要内容包括：

① 测试时间；

② 测试人员；

③ 测试用例执行情况，内容包括测试用例数、通过的测试用例、未通过的测试用例、完全执行的测试用例、未完全执行的测试用例、未执行的测试用例；

④ 测试覆盖情况，包括对功能、性能、接口等需求覆盖情况，说明是否满足测试充分性要求；

⑤ 说明配置项测试过程中发现的问题，并对问题解决情况进行说明；

⑥ 对软件的整体情况进行评价，并提出改进的意见及建议；

⑦ 如果软件中存在遗留问题应进行说明。

2）配置项测试总结评审

配置项测试总结评审的内容包括：

（1）审查测试文档与记录内容的完整性、正确性和规范性；

（2）审查测试活动的有效性；

（3）审查测试环境是否符合测试要求；

（4）审查软件测试报告与软件测试原始记录和问题报告的一致性；

（5）审查实际测试过程与测试计划和测试说明的一致性；

（6）审查测试说明评审的有效性，例如，是否评审了测试项选择的完整性和合理性、测试用例的可行性和充分性；

（7）审查测试结果的真实性和准确性；

（8）审查对遗留问题是否有有效的处理措施。

5.4 系统测试

系统测试是对完成集成的系统，包括软件和硬件，在实际运行环境下作为一个整体进行的测试。系统测试是软件产品交付前进行的最后确认，确保交付的软件产品满足用户的需求。系统测试根据系统的研制任务书、系统需求规格说明、用户手册等进行测试，确保系统满足用户的要求，符合系统规格说明中定义的各项需求。同时，系统研制任务书、系统需求规格说明、软件实体、软件用户手册应文文相符、文实一致。

5.4.1　概述

系统测试的对象是通过集成的整个系统。

一般情况下,系统测试应依据系统研制要求、系统/子系统规格说明、系统/子系统设计说明、接口需求规格说明和用户手册开展功能、性能、接口、强度、容量、余量、可靠性、安全性、安装和人机交互界面测试等。必要时,可进行包括文档审查,以及恢复性、互操作性和兼容性测试等动态测试。

系统测试的目的主要包括:

(1) 确认系统是否达到了研制任务书、系统/子系统规格说明、系统/子系统设计说明、接口需求规格说明等所规定的各项要求;

(2) 是否满足系统验收交付的要求。

软件研制、测试人员应根据研制任务书、系统/子系统规格说明、系统/子系统设计说明、接口需求规格说明等定义的全部需求制订系统测试计划,开展系统测试工作。

系统测试与软件配置项测试的区别,主要表现在以下 3 个方面。

(1) 测试对象不同。软件配置项测试的对象是软件配置项,而系统测试的对象是整个系统,包括所有软件和硬件。

(2) 测试的依据不同。软件配置项测试的依据是软件配置项的研制任务书和(或)需求规格说明、接口需求规格说明和用户手册,而系统测试的依据是系统的研制任务书、系统/子系统规格说明、系统/子系统设计说明、接口需求规格说明等。

(3) 测试内容存在差异。软件配置项测试需要考察软件研制任务书和(或)软件需求规格说明中描述的功能、性能、接口(系统外部接口)、安全性、恢复性和安装性等是否符合要求。系统测试则关注整个系统是否能够协调一致地完成系统规定的功能、性能,是否可以正确实现与其他系统间的接口,系统规定的安全性、恢复性、安装性、可靠性、互操作性和兼容性等是否符合要求。

5.4.2　系统测试原则

为保证系统测试充分和有效,在进行系统测试时,应遵循以下原则。

(1) 系统测试的依据是系统研制要求、系统/子系统规格说明、系统/子系统设计说明、接口需求规格说明等规定的功能、性能、接口、安全保密性等特性。

(2) 功能覆盖率、性能和接口覆盖率应达到 100%。

(3) 系统的每个特性一般应被一个正常测试用例和一个异常测试用例覆盖。

(4) 测试用例的输入一般应覆盖有效值、无效值和边界值。

(5) 应测试系统的输出及其格式。

(6) 应测试运行条件在边界状态和异常状态下,或在人为设定的状态下,系统的功能和性能。

(7) 应测试系统的全部存储量、输入/输出通道和处理时间的余量。

(8) 应按照系统研制要求、系统/子系统规格说明、系统/子系统设计说明的要求,对系统的功能、性能进行强度测试。

（9）应测试系统中用于提高系统安全性、可靠性的结构、算法，以及用于容错、冗余、中断处理等方案。

（10）对安全关键的系统，应对每一个危险状态和导致危险的可能原因进行针对性测试。

（11）对有恢复或重置功能需求的系统，应测试其恢复或重置功能和平均恢复时间，应对每一类导致恢复或重置的情况进行测试。

（12）对不同的实际问题应外加相应的专门测试。

（13）测试人员应尽可能地与开发人员分离。

（14）系统测试过程中应有用户或用户代表的参与。

5.4.3　系统测试环境

系统测试一般需要在目标环境下进行。如果有测试内容无法使用实际的运行环境时，可以使用有效的仿真环境进行系统测试。但是，应对仿真环境与实际运行环境的差异进行分析，确保仿真环境与实际运行环境是等效的。另外，系统测试需要使用一些专用工具，甚至需要开发一些数据仿真和数据获取工具才能完成相应的测试。

系统测试环境的建立可以从以下 4 个方面考虑。

1）硬件环境

系统测试环境应与实际运行环境一致。建立系统测试环境时，应按照系统研制要求中规定的系统运行硬件环境建立系统测试环境。应特别关注硬件环境的各项指标是否与实际环境一致。

2）操作系统环境

由于整个系统中软件可能运行在多个操作系统下，因此在进行系统测试时，需要充分考虑软件运行环境中操作系统的要求。应关注操作系统的版本与系统研制要求保持一致。

3）数据库环境

目前以数据库为基础的信息系统非常普遍，因此在进行系统测试时需要根据系统研制要求中规定的数据库环境要求，建立系统测试环境。这是因为不同的数据库系统、不同数据库系统版本的性能、容量都存在不同，在系统测试时要尤其关注这部分内容。

4）网络环境

网络环境是影响系统性能等的关键因素，因此在进行系统测试时，应按照研制要求采用实际的网络环境。

5.4.4　系统测试策略

系统测试一般采用黑盒测试技术，系统测试的依据是系统研制要求、系统/子系统需求规格说明、系统/子系统设计说明、接口需求规格说明和用户手册等。

系统测试的输入一般通过仿真程序或通过界面等注入，输出一般也需要测试程序或显示界面获取，对测试结果的分析，有时需要使用相应的工具进行。

进行系统测试时应具备以下基本条件：

(1) 具有系统研制要求、系统/子系统需求规格说明、系统/子系统设计说明、接口需求规格说明和用户手册等；

(2) 已完成系统的集成测试；

(3) 系统中所有软件配置项已进入配置管理库进行管理；

(4) 系统源代码通过编译或汇编；

(5) 系统测试通常需要进行功能测试、性能测试、接口测试、人机交互界面测试、强度测试、余量测试、安全性测试、恢复性测试、边界测试、数据处理测试、安装性测试和容量测试，有时还需要进行可靠性、互操作性和兼容性测试，具体的测试类型需根据系统需求确定。

5.4.5　系统测试内容

系统测试的内容应根据系统研制要求、系统/子系统需求规格说明、系统/子系统设计说明和接口需求规格说明等中的要求确定，一般情况下应包括如下内容：

(1) 系统研制要求、系统/子系统需求规格说明中定义的功能、性能和安全保密性需求；

(2) 系统/子系统设计说明和接口需求规格说明中定义的系统内部接口和外部接口；

(3) 应测试系统运行在边界状态和异常状态下，系统的功能和性能；

(4) 应测试系统的全部存储量、输入/输出通道和处理时间的余量；

(5) 应按照系统/子系统规格说明和(或)设计说明的要求，对系统的功能、性能进行强度测试；

(6) 应测试系统中用于提高系统安全性、可靠性的结构、算法，以及容错、冗余、中断处理等方案；

(7) 对安全关键的系统，应在安全性分析的基础上对每一个危险状态和导致危险的可能原因进行针对性测试；

(8) 对有恢复或重置功能需求的系统，应测试其恢复或重置功能和平均恢复时间，并且对每一类导致恢复或重置的情况进行测试；

(9) 对系统的其他需求进行专门测试。

5.4.6　系统测试方法

系统测试一般采用黑盒测试技术，主要验证系统是否满足系统研制要求、系统/子系统规格说明、系统/子系统设计说明和接口需求规格说明等要求。系统测试一般要完成功能、性能、接口、强度、容量、余量、可靠性、安全性、安装和人机交互界面测试等。必要时，可进行包括文档审查，以及恢复性、互操作性和兼容性测试等动态测试。本节重点对可靠性、互操作性和兼容性测试进行说明。

5.4.6.1　可靠性测试

可靠性测试是在真实的或仿真的环境中，运用建模、统计、试验、分析和评价等手段对软件可靠性实施的测试。通过可靠性测试可以发现并纠正软件的缺陷，提高软件的可靠性，并评估研制软件是否达到了用户的可靠性要求。

可靠性测试一般采用黑盒测试方法,需要按照运行/操作剖面进行测试用例设计。测试目的是发现影响软件可靠性的缺陷,实现软件可靠性的提高,验证软件是否达到可靠性要求,并估计软件可靠性水平。可靠性测试环境包括实验室仿真环境和现场使用环境。一般情况下,可靠性测试在系统测试中进行。

软件可靠性测试流程如图 5-2 所示,包括可靠性测试需求分析、运行/操作剖面构造、测试用例设计、测试场景设计、测试环境和工具的准备、可靠性测试实施、可靠性分析与预测等。

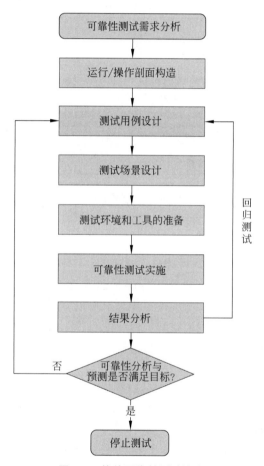

图 5-2　软件可靠性测试流程

1. 测试技术要求

可靠性测试的一般要求为:

(1) 可靠性测试环境应与典型使用环境的统计特性相一致,必要时使用测试平台;

(2) 定义软件失效等级,建立软件运行剖面/操作剖面;

(3) 测试记录更为详细、准确,应记录失效现象和时间;

(4) 必须保证输入覆盖,应覆盖重要的输入变量值(所有被测输入值域的概率之和必须大于软件可靠性要求)、各种使用功能、相关输入变量可能组合及不合法输入域等;

（5）对于可能导致软件运行方式改变的一些边界条件和环境条件，必须进行有针对性的测试。

2. 实施要点

1）可靠性测试需求分析

可靠性测试需求分析包括定义软件失效等级、明确可靠性测试需求和选择可靠性模型。

（1）定义软件失效等级。软件失效等级的划分可按照软件失效后造成的影响分为 5 级，失效等级定义见表 5-2。

表 5-2　软件失效等级定义

失 效 等 级	定　　　　义	说　　　明
1 级：关键性失效	整个系统终止或数据库严重损坏	例如，宕机、蓝屏
2 级：严重性失效	重要功能无法正常运行，并且没有替代的运行方式	例如，程序错误
3 级：普通失效	绝大部分功能仍然可用，次要功能受到限制或要采用替代方式	例如，打印功能错误
4 级：轻微失效	少数功能在有限的操作中受到限制	例如，界面不规范
5 级：可忽略的失效	影响未波及最终用户	

（2）明确可靠性测试需求。一般情况下，软件可靠性需求包括：

① 软件能够进行的容错处理，能够防止的误操作和对错误数据进行一定的处理；

② 软件的自动恢复能力；

③ 软件无故障运行时间或无故障操作的次数。

（3）选择可靠性模型。可靠性模型应尽早确定，在选择可靠性模型时应考虑以下因素：

① 选择比较成熟、应用范围较广的模型作为分析模型，如马尔可夫模型；

② 模型的输出值应满足软件可靠性需求；

③ 模型需要的数据在软件中应易于收集；

④ 数据的输入能够通过测试工具获取。

2）运行/操作剖面构造

软件可靠性测试的最突出特点是按照用户实际使用软件的方式来进行测试，软件的运行/操作剖面是定量描述用户实际使用软件的方法。该方法需要充分分析用户使用软件各种模式和功能，以及相应的输入，还需要分析用户使用软件这些模式和功能的概率。这些信息的获取需要对系统研制要求、系统/子系统需求规格说明、系统/子系统设计说明和接口需求文档等进行充分分析。因此，需要测试人员与软件开发人员、用户进行充分、有效的沟通，收集系统实际使用的历史数据信息并进行分析。系统工作模式和功能划分越完整，概率越准确，建立的运行/操作剖面就越符合实际情况，基于此进行的可靠性测试，得出的可靠性评估和预测的结果就越有价值。软件运行/操作剖面图可按照以下 3 个步骤获得：

（1）建立用户使用方式与功能之间的关系图，如图 5-3 所示；

（2）建立功能与操作之间的关系图，如图 5-4 所示；

（3）获得运行/操作剖面，如图 5-5 所示。

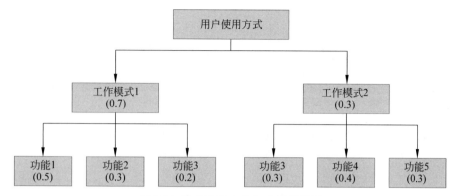

图 5-3　用户使用方式与功能示意图

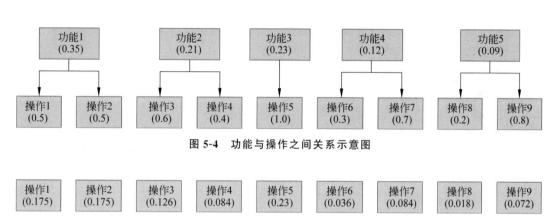

图 5-4　功能与操作之间关系示意图

| 操作1
(0.175) | 操作2
(0.175) | 操作3
(0.126) | 操作4
(0.084) | 操作5
(0.23) | 操作6
(0.036) | 操作7
(0.084) | 操作8
(0.018) | 操作9
(0.072) |

图 5-5　获取可靠性测试运行/操作剖面

3）可靠性测试用例设计

可靠性测试用例设计时，可根据软件运行/操作剖面，确定功能使用的频率来进行有重点的测试，更真实地反映软件实际使用中的情况，使软件得到更加充分的测试。可靠性测试用例设计时，需要根据对输入数据范围，以及输入数据之间的相互关系的分析来进行设计。另外，应对功能较为复杂的模块设计更多的测试用例，以保证测试的充分性。

4）测试场景设计

测试场景设计可根据如下步骤进行：

（1）分析软件失效模式，确定关键的失效模式；

（2）确定软件实际应用中的业务流程；

（3）估算同时运行软件的用户数量；

（4）设计用户启动或退出软件的时间；

（5）设计测试执行周期，确定可靠性测试执行周期和测试时间。

5）测试环境和工具

测试环境和工具的准备主要包括：

（1）软件运行所需的软/硬件环境和网络环境；

（2）测试工具所需的软/硬件环境和网络环境；

（3）测试场景所需的软/硬件环境和网络环境；

（4）测试数据。

6）测试实施

可靠性测试实施与其他测试类型基本相同,注意需要根据可靠性数据规范和记录方法记录测试数据,如时间、失效、失效等级等信息。

7）数据分析

可靠性数据分析主要包括失效分析和可靠性分析。

（1）失效分析时,根据运行结果判断软件是否失效,以及失效的程度、后果、原因等。通过失效分析,找到并纠正引起失效的故障,实现软件可靠性的增长。

（2）可靠性分析主要指根据失效数据,估计软件的可靠性水平,预计可能达到的水平,评价软件是否达到要求的可靠性水平。可靠性分析包括失效密度、失效解决率、故障密度、潜在故障率、故障排除率、测试覆盖率、测试通过率、平均失效间隔时间、有效服务时间率、累计有效服务时间、避免宕机率、避免失效率、防误操作率、平均宕机时间、平均恢复时间、易修复性、修复有效性等,具体的分析方法可参见 GB/T 29832.3—2013《系统与软件可靠性 第3部分：测试方法》。

5.4.6.2　互操作性测试

互操作性测试是为验证不同软件之间的互操作能力而进行的测试。

1）测试技术要求

互操作性测试一般针对以下情况进行测试：

（1）同时运行两个或多个不同的软件；

（2）软件之间发生了互操作。

2）实施方法要点

（1）互操作测试时,须同时运行两个或多个不同软件,且软件之间进行了交互操作。例如,在某系统中,应用程序 S1 初始化时,应用程序 S2 发"检查好"消息,S1 收到后向 S2 发"读取数据 1"命令,S2 向 S1 发送当前数据 1,S1 将 S2 发送的数据 1 进行处理,并向 S2 发"读取数据 2"命令,S2 向 S1 发送当前数据 2,S1 将 S2 发送的数据 2 进行处理,并完成软件初始化。

（2）应对正常的互操作流程进行测试。

（3）应对互操作流程中可能出现的异常情况进行测试,例如,应对接口格式错误、数据异常、流程异常等进行测试。

5.4.6.3　兼容性测试

兼容性测试主要是验证被测软件不同版本之间的兼容性。有两类基本的兼容性测试：向下兼容和交错兼容。向下兼容是测试软件新版本保留它早期版本的功能的情况,交错兼容测试是要验证共同存在的两个相关但不同的产品之间的兼容性。验证软件在规定条件下共同使用若干个实体,或实现数据格式转换时,能满足相关要求的测试。

兼容性测试验证被测软件与其他软/硬件相互是否能够正确交互和实现信息共享。这种交互可能是跨平台的,通过网络进行异地交互,如社交媒体等。兼容性测试需要考虑被测软件与硬件的兼容性、与其他软件平台和应用程序的兼容性及数据共享的兼容性。

1. 测试技术要求

兼容性测试一般需要验证:

(1) 验证软件在规定条件下,共同使用若干个实体时满足有关要求的能力;

(2) 验证软件在规定条件下,与若干个实体实现数据格式转换时能满足有关要求的能力。

2. 实施要点

(1) 与硬件的兼容性测试。这项测试内容,主要针对通用软件,被测软件在研制过程中应考虑与各类硬件的兼容性。测试时主要从以下 3 个方面考虑:

① 硬件类型方面,例如,如果是网络应用软件,应进行多种网络配置的测试,如果是图形应用软件,应进行各种显示器、显卡和声卡的测试。

② 硬件型号和驱动程序方面,针对每种硬件类型应选择主流型号进行测试,例如,对于驱动程序,应对操作系统自带的驱动程序、硬件自带的驱动程序,以及官方网站提供的驱动程序进行测试。

③ 硬件特性、模式和选项方面,应对每种硬件的模式和选项进行测试,应考虑最低配置和推荐配置选项。

(2) 与其他软件平台和应用程序的兼容性测试。这类测试可从以下两个方面进行:

① 向前和向后兼容,向后兼容指被测软件与其以前版本的兼容性,如采用旧版本保存的数据,在新版本中应该能够正常使用,向前兼容则指被测软件应与其后续版本保持兼容性,但一般软件很难做到,这需要被测软件预留相应的接口;

② 多个应用程序的兼容性测试,一般情况下,软件不可能独立存在,因此需要对与其他应用程序的兼容性进行测试,可根据软件的种类、使用频度等因素,选择与被测软件交互比较密切、重要的应用程序进行测试,同时需要考虑对这些应用程序的不同版本兼容性的测试。

(3) 数据共享兼容性测试。在对被测软件进行数据共享方面的测试时,应从以下 4 个方面进行测试:

① 文件应能正常保存和读取;

② 文件应能正确导入和导出;

③ 能支持剪切、复制和粘贴;

④ 支持被测软件不同版本间的数据转换,对转换前后的数据进行比较、分析,确保数据不改变业务需求,能处理数据中相互矛盾的地方,特别应支持数据转换不成功时,应不破坏原有数据。

5.4.7 系统测试过程

系统测试过程与软件配置项测试过程基本一致,本节简要说明系统测试的过程。

1) 系统测试策划

(1) 依据系统研制任务书、系统设计说明、用户手册、系统接口需求与设计文档等明确系统测试内容、测试策略,制订系统测试计划。一般初步的系统测试计划在系统设计阶段就可以拟制，随着系统的研制而不断完善。

（2）提出系统测试环境的要求，包括测试工具、测试仿真软件、结果获取软件和数据分析软件的需求。

（3）在对系统测试工作量估计的基础上，依据软件研制进度制定系统测试的进度安排。

（4）对系统测试计划进行评审。

2）系统测试设计与实现

（1）依据系统研制任务书、系统设计说明、用户手册、接口需求与设计文档和系统测试计划设计系统测试用例。

（2）获取系统测试工具，开发系统测试仿真软件、结果获取软件和数据分析软件。

（3）对系统测试说明进行评审。

3）系统测试执行

按照系统测试计划、测试说明中明确的测试策略、测试环境，执行测试用例，记录实测结果和测试过程出现的问题。当软件问题修改后还需要进行系统级回归测试。

4）系统测试总结

根据实测结果、期望结果和评估准则分析测试数据，形成测试报告。测试报告完成后，应对整个系统测试的情况、文档等进行评审，以确保系统测试的有效性。

5.5 本章小结

在软件开发项目中不缺少当交付时发现软件产品不满足用户要求的事例。原因在于开发人员埋头于软件编码工作，而忽视了客户和用户的真正需求。同时，很多项目的确认活动缺少客户和用户的参与，使得在软件开发的早期很难获取用户对软件产品的意见。因此，在可能的条件下应尽早开展软件确认活动，并且积极协调利益相关参与确认活动，特别是客户和用户。应该使客户和用户及时了解软件产品的特性，及时与其沟通对软件产品的意见与建议，更好地满足客户的要求。

确认活动保证"你构造了正确的产品"。确认活动使用与验证类似的方法，例如，测试、分析、审查、演示或仿真。通常，最终用户和其他利益相关方共同参与确认活动。确认和验证活动常常并发进行，并可使用相同环境的一些部分。

只要有可能，就应将产品和产品部件置于其预期的环境中运行来进行确认。确认可能使用整个环境，也可能只使用部分环境。而利益相关方参与使用工作产品，可以在项目生存周期的早期发现并确认问题。

第 6 章

缺 陷 管 理

6.1 软件缺陷的概念

6.1.1 软件缺陷的定义

软件缺陷是存在于软件之中的那些不希望或不可接受的偏差,其结果导致软件运行于某一特定条件时出现故障,即软件缺陷被激活。语法错误、拼写错误、标点错误或编码实现过程中有缺陷的程序段均可被认为是软件缺陷。软件缺陷在意义上比较广泛,包含程序中存在的任何偏差。人们常常将缺陷、错误、故障、失效混为一谈,事实上,这些概念并不相同。国际电子电气工程师学会(IEEE)计算机协会对于一些易混淆术语具体定义如下。

错误(error):通常指人类犯的错误。与之很接近的一个同义词是过错(mistake)。人们在编写代码时会出现过错,把这种过错叫作 bug。

缺陷(defect):缺陷是错误的结果。更精确地说,缺陷是错误的表现,而表现是表示的模式,如叙述性文字、数据流框图、层次结构图、源代码等。与缺陷很接近的一个同义词是隐错,或程序错误。

故障(fault):可以定义为一个系统或部件不能完成特定的性能需求所要求的功能。缺陷是因,是一个静态的概念,它确实存在于软件之中;故障是果,是一个动态的概念,它必须在软件的执行过程中才能表现出来。

失效(failure):当缺陷执行时最终导致软件发生失效。失效只出现在可执行的表现中,通常是源代码,更确切地说是被装载的目标代码。

这些概念之间既有区别又相互联系。设计中如果存在一个失误或差错,那么开发的软件就存在一定的缺陷或隐错,在实际的软件运行中在一定条件下就发生了故障,由此软件的一些功能就会失效。

在有些情况下,可以将故障和失效看作系统的内部视图和外部视图。故障表示的是开发人员看到的问题,而失效则代表用户看到的问题。并不是每个故障都会与失效相对应,因为故障导致系统失效的条件可能永远得不到满足。这样的情况极为常见,例如,包含故障的代码从未被执行过,或者没有执行足够多的次数使计数器超过范围。

软件缺陷不只是上述狭义的概念,除了通常所说程序中的错误或疏忽以外,还包括软件整个生命周期中的其他产品,如软件需求规格说明、软件详细设计、软件测试过程中的测试用例及用户手册等中存在的错误和问题。需要强调的是,在软件工程整个生命周期中任何背离需求、无法正确完成用户所要求的功能的问题,包括存在于组织、设备或系统软件中因异常条件不支持而导致系统的失败等都属于缺陷的范畴。

6.1.2 软件缺陷的分类

由于各个软件开发组织的需求不同,对于缺陷分类的出发点和方法也就不一样。目前,很难找到一种通用的缺陷分类方法用于软件缺陷的分析和管理。下面介绍几种国内外比较常见的软件缺陷分类方法。

1) GJB 2786A—2009 要求的软件问题分类方法

针对软件产品问题的类别,要求开发方对软件产品中的每个问题都指向表 6-1 中的一个或多个类别。

表 6-1 GJB 2786A—2009 的问题分类表

问 题 类 别	适用于下列范围的问题
计划	为项目制订的计划
方案	运行方案
需求	系统需求或软件需求
设计	系统设计或软件设计
编码	软件编码
数据库/数据文件	数据库或数据文件
测试信息	测试计划、测试说明或测试报告
手册	用户、操作员手册或保障手册
其他	其他软件产品

这种分类方法主要是根据软件问题所相关的产品位置进行划分的。

2) IEEE 软件异常分类标准

该标准主要规定了发现缺陷后的处理过程:识别、调查、计划和处理。在每个处理阶段都需要进行记录、分类、确定影响三项基本活动,通过这些基本活动达到缺陷分类的目的。对缺陷的详细描述定义为支持数据项,由于各项目产生的缺陷可能各不相同,因此不强制要求支持数据项都一致,但该标准给出了每个阶段的建议支持数据项,并且给出了一定的异常分类标准,主要包括:逻辑问题、计算问题、接口/时序问题、数据处理问题、数据问题、文档问题、文档质量问题和强化问题等。

3) 马里兰大学/NASA 软件工程实验室分类法

从 20 世纪 70 年代开始,马里兰大学和 NASA 软件工程实验室便开始了相关工程领域的合作,1984 年,由这两个机构共同提出了一套软件缺陷分类方案:

(1) 需求缺陷或对需求理解错误产生的缺陷;

(2) 功能缺陷或对功能理解错误产生的缺陷;

(3) 在多个功能模块中存在的设计缺陷;

（4）在单一功能模块中存在的设计缺陷或实现缺陷；

（5）对运行环境的理解错误所产生的缺陷；

（6）不正确使用程序语言或编译器；

（7）笔误；

（8）在缺陷改正过程中产生的新缺陷。

4）Gray 的软件缺陷分类方法

该分类方法把软件缺陷划分成永久性（bohrbugs）的和暂态性（heisenbugs）的两种类型。Bohrbugs 缺陷是永久性的设计缺陷，因而在本质上是确定的。在软件测试和调试阶段，它们能够很容易地被识别和排除。而 heisenbugs 是属于暂态的内部缺陷并且是间断性的。虽然在本质上也是一种永久性的缺陷，但是它们的触发条件很难发生，也很不容易重现。

近年来的一些研究提出了软件老化的概念。一个软件一旦开始运行，潜在的缺陷条件就会随着时间不断积累，并可能导致性能的恶化或产生暂态的失效。Trivedi 等把引起老化的缺陷称为与老化有关的缺陷（aging-relatedbugs）。这些缺陷和 heisenbugs 类似，因为它们都在一定条件下触发，并且这些条件不容易被重现。但是它们的模型和恢复方法存在很大的差别。

5）正交缺陷分类（ODC）方法

所谓正交，指分类不重叠且统计上相互独立。正交缺陷分类在对缺陷分类时引入软件过程的概念，将缺陷分类与软件研发中的各个阶段联系起来，在不同的阶段，分类方法相同，并且与软件产品无关。因此，正交分类法具有如下三大特性：正交性、各阶段的一致性、不同产品间的一致性。正交缺陷分类中，缺陷被描述为一种活动，该活动是为了修复软件功能而对其进行的一种必要的修正，从阶段划分的角度，可分为研发过程中的缺陷和运行过程中的缺陷。作为软件过程度量与分析的一种的技术，正交缺陷分类为缺陷分类提供了唯一的、非冗余的属性定义的标准，为过程评估提供度量和分析的方法。IBM 给出了一种基于正交分类的缺陷分类方法，主要包括以下 8 类缺陷：

（1）赋值缺陷；

（2）检验缺陷；

（3）算法缺陷；

（4）时序缺陷；

（5）接口缺陷；

（6）功能缺陷；

（7）关联缺陷；

（8）文档缺陷。

6.1.3　软件缺陷的严重等级

缺陷的严重等级指软件缺陷对软件质量的破坏程度，即软件缺陷的存在将对软件的功能、性能等各方面质量特性产生怎样的影响。

对于不同的缺陷管理工具，其缺陷的严重等级划分可能有所不同，但大同小异，一般都可以从软件缺陷可能造成的影响程度来划分为四类，即致命、严重、一般和轻微。如表 6-2 所示。

表 6-2　缺陷严重等级

缺陷严重等级	所适用的缺陷性质
致命	(1) 有碍于运行或任务的基本能力的实现。 (2) 危害安全性、保密性或其他指定为"关键的"要求
严重	(1) 对运行或任务的基本能力产生不利影响且没有已知的变通解决方案。 (2) 对项目的技术、费用或进度风险或对系统寿命期的支持产生不利影响,且没有已知的变通解决方案
一般	(1) 对运行或任务的基本能力产生不利影响,但变通解决方案已知。 (2) 对项目的技术、费用、进度风险或对系统寿命期的支持产生不利影响,但变通解决方案已知
轻微	(1) 给用户/操作员带来不便或烦恼;但不影响所要求的运行或任务的基本能力。 (2) 给开发或支持人员带来不便或烦恼;但不妨碍所要求工作的完成。 (3) 任何其他影响

在确定缺陷严重等级时,除了缺陷带来的影响以外,暴露缺陷所在的使用剖面被使用的概率有时也要被考虑在内。例如,对于一台手机来说,同样是功能失效,通话功能存在缺陷会直接影响客户对产品质量的认可程度,而设置系统时间格式这类使用概率很少、甚至有的客户除开机初始设置外不会再使用的功能,即使存在一些偶发缺陷也不会直接影响到客户对质量的认可。

6.1.4　软件缺陷的关联性

缺陷的关联性指缺陷相互之间存在一定的影响,包括依赖关联、重复关联、引入关联和相关关联四种关联关系。

(1) 依赖关联:指缺陷 A 与缺陷 B 之间存在如下关系,缺陷 A 的解决与否取决于缺陷 B 是否解决,此时,缺陷 B 称为父缺陷,缺陷 A 称为子缺陷。

(2) 重复关联:指存在这样一组缺陷,其存在的上下文环境具有高度的相似性,即在程序运行结果与产生前提下大体一致,并且可以判断出这些缺陷实际上是同一个缺陷,此时这些缺陷被称为重复缺陷,它们之间的关系称为重复关联。

(3) 引入关联:指某缺陷的引入是由于修复其他缺陷造成的,此类缺陷可通过其他缺陷的修改记录,以及查看相关的缺陷信息进行判断。

(4) 相关关联:在同一缺陷数据库中,如果某缺陷的存在与其他缺陷存在某种关系,且该关系不可被划分为依赖关联、重复关联、引入关联中的任何一类,此时其关联关系可被定义为相关关联。由于相关关联的缺陷间不存在依赖关系,即某个缺陷的改变对其他缺陷不产生影响,因此在修复这些缺陷时可相互独立完成。

在缺陷修复过程中考虑其相关性可降低修复成本,例如,若缺陷 A 与缺陷 B 之间存在依赖关系,缺陷 A 依赖缺陷 B,此时可先修改缺陷 B,可能在修复了缺陷 B 后,缺陷 A 也不复存在。这样就减少了开发的成本,降低开发成本也是实施软件过程改进的目标之一。而且分析缺陷在与缺陷关联关系的一个或多个参数值上的分布,还有可能发现哪个功能经常有缺陷,是否经常有新的缺陷,并且可以预测下一个版本能到达什么水平。

6.2　软件缺陷管理的概念

缺陷管理的目的是保证缺陷被有效地跟踪和处理,保证缺陷的信息一致性,不至于丢失,能正确地获取缺陷的信息,用于缺陷分析和产品质量度量。缺陷管理的内容包括缺陷的严重等级、缺陷的管理流程、缺陷的生命周期和缺陷的状态转变。

6.2.1　软件缺陷管理的目标

软件测试的主要目的是发现软件中可能存在的缺陷,尽可能降低缺陷数量,提高软件质量。对测试过程中发现的缺陷进行管理要达到以下 3 个目标。

(1)缺陷处理过程应该是闭合的,即对于测试中发现的每个缺陷,都应该有从发现到解决的完整过程,但解决并不一定意味着修复,也可以选择在后续版本中对其修复,对这类情况测试团队应与开发团队沟通,双方达成一致。

(2)绘制缺陷趋势曲线,根据其决定是否终止测试。通常认为当没有发现新的缺陷时,软件测试终止。事实上,对某些大型软件而言,其中的缺陷可能永远无法全部找到,此时应当考虑测试带来的耗费与发现的缺陷是否成正比,通过缺陷趋势曲线可以看出在各轮测试中所发现的软件缺陷数量变化情况,当缺陷趋势曲线较为平缓的时候,可以终止测试。

(3)对所收集的缺陷数据进行分析,作为改进软件工程过程的一个依据,提高团队开发和测试能力。

在实际操作中,上述第一条目标较容易做到,也获取到了更多的关注,而第二条和第三条常常被忽略。事实上,对于一个优良的开发和测试团队,对缺陷数据的管理和分析也是极为重要的,通过对数据的分析更容易发现团队在研发过程的哪个步骤可能更容易出错,团队中的哪些部分能力可能不足,这可以为研发团队提高工程化水平、增强研发和测试能力提供重要帮助。

6.2.2　软件缺陷管理中的角色

根据所完成任务的不同,软件缺陷管理主要包括三类角色：提交者、决策者、解决者。

缺陷提交者：发现缺陷的角色,该类用户大都为实际执行测试的测试工程师,他们负责报告、激活、验证和关闭缺陷。

缺陷决策者：决定某个缺陷是否为真正缺陷的角色,该类用户大都为项目组长或具有较多测试经验的测试人员,他们负责复核缺陷,并将缺陷分配给具体的研发人员进行修复。另外,某个缺陷是否已经修复,是否应该关闭也由此类角色来决定。当研发人员与测试人员就某个缺陷是否成立存在分歧时,除了由项目负责人进行判定外,很多组织也会设置管理委员会(CCB)等部门或采用评审会等临时形式来仲裁缺陷是否成立。

缺陷解决者：具体完成修复缺陷的角色,该类角色大都为软件实际的研发工程师,他们对软件的设计和实现较为了解,可在较短的时间内完成缺陷的修复工作,填写解决方案,对于与提交者存在分歧的缺陷,应提交给决策者进行决策。

6.2.3 软件缺陷的管理流程

软件缺陷的总体管理流程如图 6-1 所示。

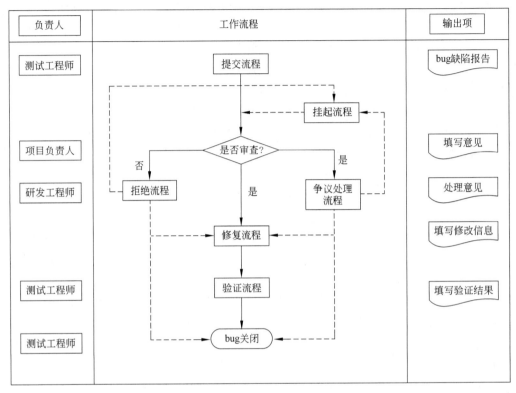

图 6-1　软件缺陷总体管理流程

软件缺陷提交流程如图 6-2 所示。

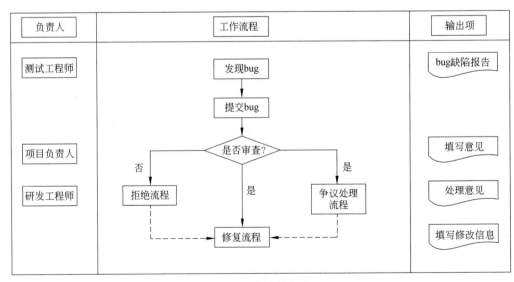

图 6-2　缺陷的提交流程

缺陷修复流程如图 6-3 所示。

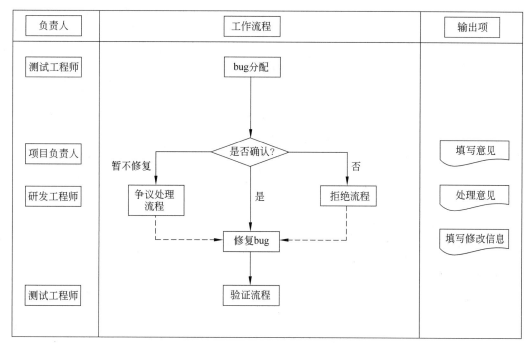

图 6-3　缺陷的修复流程

缺陷验证流程如图 6-4 所示。

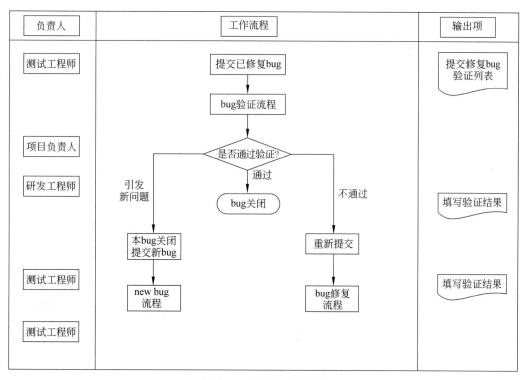

图 6-4　缺陷的验证流程

缺陷拒绝处理流程如图 6-5 所示。

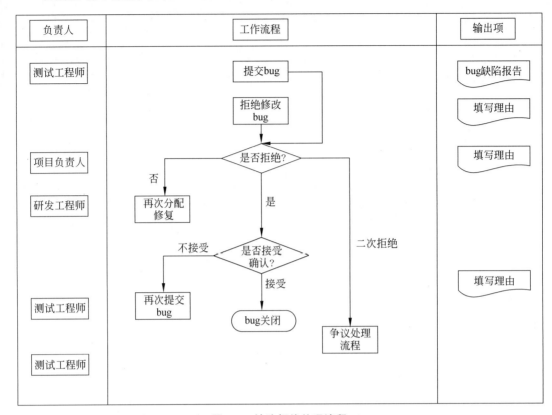

图 6-5　缺陷拒绝处理流程

挂起缺陷处理流程如图 6-6 所示。

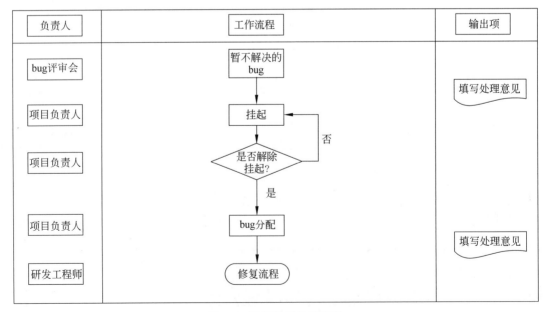

图 6-6　缺陷挂起处理流程

争议缺陷处理流程如图 6-7 所示。

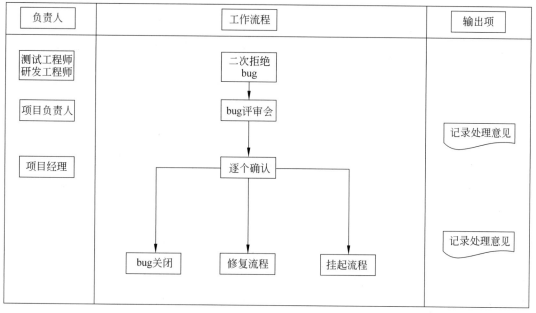

图 6-7　争议缺陷处理流程

6.2.4　软件缺陷的状态转变

图 6-8 显示的是一个软件缺陷从提交到解决的整个过程中，其状态变化的情况。

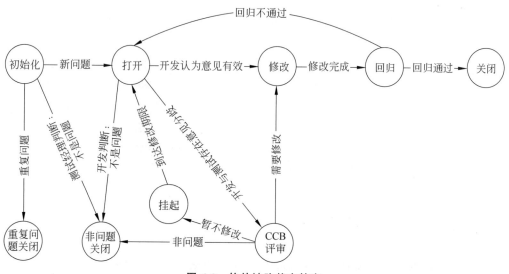

图 6-8　软件缺陷状态转变

软件缺陷的状态一般可以分为以下几种，如表 6-3 所示。

表 6-3　软件缺陷状态

缺陷状态	状 态 描 述	下一步状态
初始化	测试工程师执行测试用例,发现与预期结果不符。此时作为软件缺陷被发现的初始化点	需要进一步判定: (1) 该结果不符合的现象确实是由软件本身的缺陷引起的,而非由环境或执行的问题引入; (2) 该结果不符合的现象不是由已发现的缺陷引起的。 满足以上两个条件之后才能转入打开一个新缺陷的状态,交由开发人员处理。 如果(1)不符合,非软件缺陷,当前的"不符"关闭。 如果(2)不符合,则指向已发现的缺陷,可认为当前的"不符"关闭
打开	开发人员接收缺陷准备处理	可能存在几种情况: (1) 开发人员接受测试人员意见,认为这确实是问题,转入下一状态"修改"; (2) 开发人员不认为这是问题,并且能够说服测试人员非软件缺陷,当前的"不符"关闭; (3) 开发与测试存在意见分歧,交中间方仲裁
修改	开发人员认为测试工程师意见有效,开始修改缺陷	修改完成后,交由测试人员回归
回归	开发人员修改完缺陷后,交给测试人员重新验证缺陷是否已修复	可能存在几种情况: (1) 测试人员认为回归通过,修改正确且未引入新问题,软件不再存在该缺陷,当前的"不符"关闭; (2) 测试人员认为回归不通过,回到"打开"状态,由开发人员进一步判断
关闭	缺陷不再存在	不是缺陷或对应缺陷已解决
挂起	当前缺陷暂时无法处理,需要等候条件满足	等待条件适合(如到达修改期限)之后再由开发人员进一步判断是否现在可修改
CCB 评审	开发与测试存在意见分歧争议时,需要交由一个中间方(如 Configuration Control Board 变更控制委员会)进行仲裁,通常采用评审确认的方式进行	评审确认缺陷的下一步处理方式,指向打开/挂起或关闭

6.3　软件缺陷报告的要求

6.3.1　缺陷报告的填写要求

缺陷报告是测试工程师的主要产物,也是测试团队主要的交付物之一。其作用是让研发人员能够了解到缺陷是如何产生的,便于更好地修复缺陷。一份有效的缺陷报告能够增强测试和开发部门间的协作,提高开发修改缺陷的速度,减少开发部门的二次缺陷率。

测试人员在初始化填写缺陷报告时,需要注意以下几个要点,以确保缺陷报告有效。

1）精简

清晰而简短。应去掉所有不必要的词语,不要添加无关的信息,包含相应的信息是最重要的,但是要确保这些信息都是有用的,写过多的不必要的信息也会带来困扰,精简化缺陷报告示例如表 6-4 所示。

表 6-4　精简化缺陷报告示例

不要这样写	要这样写
当我正在专心测试的时候,我发现了一个我不太熟悉的 GUI。我尝试了很多边界值以及错误的条件,但是运行都正常。最后我清空了数据并且点击了前进按钮,这时候系统异常终止了。经过多次的反复尝试,我发现无论什么适合,只要产品描述这个字段里没有数据,然后再点击前进或者退出,甚至取消,系统都会终止	在"产品信息"页面,如果"产品描述"字段为空,前进、退出和取消都会使系统意外中止

2）准确描述

这到底是不是一个 bug？还是用户操作错误或者测试环境影响,理解错误等其他情况导致的？

通常有很多的情况会影响测试结果,要确信知道哪些因素对此有影响,并且在报告缺陷的时候考虑过这些影响。这也是区分一个测试人员是新手还是有经验人员的一个方面。如果不能确定你发现的是否是一个 bug,与有经验的测试人员或者开发人员协商,远比直接提交 bug 要明智。

但是同时请读者记住,对待缺陷,永远是宁可错杀一千,不可放过一个。不要因为怕报错而畏惧报 bug,要做的只是尽力来确保所报告的 bug 是有效的。

3）中性的语言

尽量用中性的语言描述事实,不带偏见,也不用幽默或其他带有感情色彩的语句,应采用专业精准的描述,并且加上对开发人员有帮助的信息。下面这个例子是当测试人员被开发打回一个 bug,并要求提供更多的信息及出错的数据时的回复,如表 6-5 所示。

表 6-5　中性化语言的示例

不要这样写	要这样写
任何一个输入的非法数据都会让它中止	功能 ABC 在输入非法数据,如－1、－36、－32 767 时会中止

4）精确提炼

其他阅读 bug 报告的人员可能并不知道测试工程师想表述的是什么样的问题,所以测试人员有必要正确地描述出自己所希望表达的内容,其中一些描述是操作步骤,另一些是结果。

例如,这样的一长串描述:"我按了回车键,然后现象 A 出现,接着按了后退键,现象 B 出现,接着输入命令 XYZ,现象 C 出现。"看到这样的说明,很难让他人明白,测试人员到底想说明什么问题,这 3 个现象中哪个是错误的。

测试人员的目的不是写一份高深莫测的文章,而是尽可能不被人误解,能达成顺畅沟通的描述。所以必须清晰、准确并且客观地描述所发现的问题,而不是流水账似地报告发生了什么。精确描述的示例如表 6-6 所示。

表 6-6   精确描述的示例

不要这样写	要这样写
问题发生在取消打印时打印端口延时,打印机的就绪灯始终不亮,此时打印机显示面板上显示:"PRINTING I PDS FROM TRAY1"	当打印机正在打印时,取消打印会让打印机挂起。问题发生在取消打印时打印端口延时,打印机的就绪灯始终不亮,此时打印机显示面板上显示:"PRINTING I PDS FROM TRAY1"

在描述之前,用简短的语言概述问题是如何发生的。否则后面的顺序描述很难让人立刻聚焦到问题上。到底是打印端口延时,或是打印机未准备好,还是打印机面板显示信息不正确。

5)定位

尽量缩小这个问题的范围,这个问题与哪些内容相关。

对于测试人员应该把问题定位到什么程度,每个公司或者每个部门都有不同的规定和期望值。不管这些要求有什么不同,对于一个测试工程师来说,都必须做一些有效的事情来定位发现的问题。在试图隔离一个问题时,需要考虑以下几点。

(1)尝试找到最短、最简单的步骤来出现这个问题。这通常需要花很长的时间。

(2)问问自己会不会是外部的什么特殊原因引起的这个问题,如系统挂起或者延时会不会是网络的问题? 如果你在做点对点的测试,你是否能够说出是哪一个组件出现的错误? 有没有什么办法来缩小判断出错组件的范围?

(3)如果你再测试一个存在多种输入条件的项目,可以尝试不断地改变输入值,然后查看结果,直到你找到是哪个值导致的错误。

在问题描述中,在尽可能的范围内精确地描述你所使用的测试输入值,例如,如果你在测试中发现打印一份脚本的时候会出错,那你应该首先想到的是,不是打印所有这种类型的脚本都会出错。

6)归纳

当你发现一个问题时,采用合理的步骤来确定,这个问题是通常都会发生还是偶然一次发生,或者是在特殊条件下才发生。

例如,上报的一个 bug 是文字处理程序的保存功能问题。当保存一个名为"我的文件"的文件时文字处理程序会崩溃,但是这样的情况同时也会发生在一个文件长度为 0 的文件中,或者试图保存在一个远程磁盘或只读磁盘时,都会产生这种情况。如果仅上报第一项内容,而没有进行归纳以把相应的其他相关 bug 都整理到一起,开发人员就有可能漏掉分析其他 bug 的情况。

7)可重现

有些 bug 很容易就能重现,有的则比较困难。如果测试人员能重现一个 bug,应该准确地解释重现 bug 所必需的条件,列出需要的所有步骤,包括精确的组合、使用的数据或文件名、碰到或者复现这个问题的操作顺序等。如果你能够确认这个问题在任何文件、任何操作顺序的条件下都会发生,那也最好能够给出一个明确的示例,以帮助开发人员重现该问题。

如果经过测试却发现无法重现这个问题,应该尽可能多地提供当时的有效信息给开发人员,在开发没有复现或者没有给出反馈之前,不要清除测试数据,或者至少要备份这些数据。

测试人员应在没有验证过某个问题是否能重现之前,不确信它可以重现。如果无法重现或者没有验证过这个问题确实可以重现,都要把它标注在 bug 报告中。

6.3.2 缺陷报告的内容要求

一个典型的报告单模板如表 6-7 所示。

表 6-7 缺陷报告单模板

软件名称					标识			
问题名称				问题标识				
发现日期			报告日期			报告人员		
问题性质	类别	□需求问题	□设计问题	□文档问题	□编码问题	□数据问题		□其他问题
	级别	□致命问题		□严重问题		□一般问题		□轻微问题
问题追踪	(与测试用例的关联)							
问题描述/影响分析	(可另附页)							
附注及修改建议	(可另附页)							
设计师意见	(可另附页)							
回归测试结果	(可另附页)							
会签	承制方设计师			日期				
	承制方技术负责人			日期				
	任务书提出方			日期				
	回归测试人员			日期				
	客户代表			日期				

6.4 常见软件缺陷管理工具

在软件工程化程度尚未成熟的早期阶段,对测试中发现缺陷的跟踪大都通过表格记录的形式来完成,这种方法工作效率较低,且不能实时对软件缺陷情况进行统计,因此,测试工作者开始研究通过研发专用缺陷跟踪软件来解决相关的问题。

当前,国内外存在着众多软件缺陷跟踪系统,本书选取其中代表性较强、普及率较高的几款软件进行介绍。

1）TestDirector

TestDirector 由著名软件测试工具提供商 Mercury 研发，该软件是第一款基于 Web 的软件缺陷管理系统，由于其可以通过各种浏览器直接访问，因此具有管理不受地域限制的特点，工程人员无论身处何地，只要有一台可以连接互联网的计算机，即可使用该工具。该工具不仅具有缺陷跟踪能力，还可以对测试过程中的其他成果进行管理，如测试需求、测试计划、测试用例设计、测试执行等。

2）Clear Quest

ClearQuest 由 IBM Rational 公司研发，是一款缺陷及变更管理工具，该套工具具有较强的跨平台性，几乎可以安装在任何平台之上。ClearQuest 具有以下几大特点。

（1）个性化的界面和工作流，用户可根据需要自定义相关流程，满足不同项目的跟踪需求。

（2）项目信息集中在同一个系统中，项目组所有成员均可对变更进行查询跟踪，并实时掌握项目进展。

（3）提供形象的图表查询统计功能，用户可方便地查询到项目的各类统计信息。

（4）提供自定义流程，用户可根据需要定制相关业务规则。

3）Dev Track

DevTrack 是一款由 TechExcel 公司研发的开发过程管理与任务跟踪工具，支持包括敏捷开发、瀑布式开发等多种软件研发模式，该公司的官方网站中如下给出了工具的几大特点。

（1）可创建多个开发空间，支持多种软件研发模型。

（2）任务全过程跟踪，并可根据工作量自动进行任务调整。

（3）任务流程设置可视化，具有图形化的任务流设计页面。

（4）可自定义各类表单。

（5）开发过程与需求、质量全面结合。

（6）支持邮件或短信通知任务。

4）Bugzilla

Bugzilla 是一款开源的缺陷管理工具，最初发布的版本采用 Perl 语言书写，仅为 Mozilla 公司内部使用。如今，许多用户，包括开源的项目（Apache，Linux，Open Office）和一些私人的或者公共组织（NASA，IBM）均使用 Bugzilla，所以，Bugzilla 公司将其关注的焦点从仅为 Mozilla 工具使用转变为通用的缺陷跟踪系统。尽管 Bugzilla 的设计原则表明它应该支持商业化的数据库，但是实际上它只支持 My SQL 和一些较流行的开源的数据库。

5）JIRA

JIRA 是集项目计划、任务分配、需求管理、错误跟踪于一体的商业软件。

JIRA 功能全面，界面友好，安装简单，配置灵活，权限管理及可扩展性方面都十分出色。

JIRA 创建的默认问题类型包括 New Feature、Bug、Task 和 Improvement 四种，还可以自己定义，所以它也是过程管理系统。

JIRA 融合了项目管理、任务管理和缺陷管理，许多著名的开源项目都采用了 JIRA。

JIRA 是目前比较流行的基于 Java 架构的管理系统，由于 Atlassian 公司对很多开源项目提供免费缺陷跟踪服务，因此在开源领域，其认知度比其他产品要高得多，而且易用性也好一些。同时，开源则是其另一特色，在用户购买其软件的同时，也就将源代码购置进来了，方便进行二次开发。

6）Mantis

Mantis 是一个基于 PHP 技术的轻量级的缺陷跟踪系统，其功能与前面提及的 JIRA 系统类似，都是以 Web 操作的形式提供项目管理及缺陷跟踪服务。在功能上可能没有 JIRA 那么专业，界面也没有 JIRA 漂亮，但在实用性上足以满足中小型项目的管理及跟踪。更重要的是，其开源不需要负担任何费用。

7）TAPD

TAPD 项目管理软件基于敏捷开源，隶属腾讯开发出来的产品，集产品管理、项目管理、质量管理、文档管理、组织管理和事务管理于一体，是一款功能完备的项目管理软件，完美地覆盖了敏捷项目管理的核心流程。

6.5　本章小结

本章首先介绍了软件缺陷的相关概念，包括软件缺陷的定义、分类、严重等级、关联性等内容；然后介绍了软件缺陷管理的目标、角色、流程及在管理流程中软件缺陷的状态改变过程，通过对应实践案例介绍了一份有效的软件缺陷报告所应包含的内容；最后介绍了市场上的常见软件缺陷管理工具。

CHAPTER 7

软件配置管理

7.1 软件配置管理概述

根据 IEEE 的定义,"软件配置管理(software configuration management,SCM)是一门应用技术、管理和监督相结合的学科,它通过标识和文档来记录配置项的功能和物理特性、控制这些特性的变更、记录和报告变更的过程和状态,并验证它们与需求是否一致"。

从定义可以看出,SCM 是一门综合性的学科,其中不仅包含管理,也包含一些技术手段。另外,SCM 通过控制管理配置项变更、验证变更,使项目的混乱减到最小,使错误达到最小,并最大限度地提高生产率。

要注意区分软件维护和软件配置管理的区别。维护是发生在软件已经被交付给客户,并投入运行后的一系列软件工程活动,而软件配置管理则是当软件项目开始时就开始,并且仅当软件退出运行后才终止的一组跟踪和控制活动。

7.1.1 配置管理主要概念

下面介绍配置管理中几个重要的概念。

1) 配置管理项(configuration management items,CMI)

"配置管理"过程域中提到的"配置项"指配置管理的对象,比软件"单元/部件/配置项/系统"中表征软件组成结构的"配置项"涵义更广,不光是软件模块构成的配置项,还包括文档、工具等所有需要管理的项目过程产品。本书将配置管理中的"配置项"称为"配置管理项",简称 CMI,以示区别。

一般来讲,选择作为 CMI 的软件产品至少符合以下特点之一:

(1) 它会被两个或两个以上的项目成员共同使用;

(2) 它会随着项目的开展而发生变化;

(3) 是项目重要的工作产品;

(4) 一些工作产品之间的关系非常紧密,一个变化就会使其他产品受到影响。

通过以上定义可以发现,项目中的很多东西都属于 CMI,例如,各种需求文档、设计文档等都会经常变更;程序的代码是大家共享的,而且代码文件之间又有较高的相互依赖性。还有一些工作产品不符合以上定义,例如,各种周报、会议记录等。这些也是 CMI 吗?很显然,它们不符合以上特点,那么这些工作产品就不属于 CMI 的范围,但有时在进行配置管理实施时,为方便统一保管,项目组也往往会将其一并进行管理。

2)基线

前面提到配置管理项会随着项目的开展而发生变化,单个的配置管理项是基于版本管理工具进行管理的,每次变化都会产生一个新的版本号。但是对于一组配置管理项该如何进行管理呢? 这就需要使用基线管理的方法,就是将一组配置管理项作为一个整体进行统一命名,并将其作为一个特殊的配置管理项进行管理。

一般来说,基线就是一个配置管理项或一组配置管理项在其生命周期的不同时间点上通过正式评审而进入正式受控的一种状态,而这个过程被称为"基线化"。每一个基线都是其下一步开发的出发点和参考点。基线确定了元素(配置管理项)的一个版本,且只确定一个版本。

通常,第一个基线包含了通过评审的软件需求,因此称之为"需求基线"或"功能基线",通过建立这样一个基线,受控的系统需求成为进一步软件开发的出发点,对需求的变更被正式初始化、评估。受控的需求还是对软件进行功能评审的基础。每个基线都将接受配置管理的严格控制,对其的修改将严格按照变更控制要求的过程进行,这就是"基线管理"的过程。

基线具有如下特征:

(1)通过正式的评审过程建立;

(2)基线存在于基线库中,对基线的变更接受更高权限的控制;

(3)基线是进一步开发和修改的基准和出发点;

(4)进入基线前,不对变化进行管理或者较少管理;

(5)进入基线后,对变化进行有效管理,而且这个基线作为后继续工作的基础;

(6)不会变化的东西不要纳入基线;

(7)变化对其他没有影响的可以不纳入基线。

建立基线有如下好处。

(1)重现性:及时返回并重新生成软件系统给定发布版的能力,或者是在项目的早些时候重新生成开发环境的能力。当认为更新不稳定或不可信时,基线为团队提供了一种取消变更的方法。

(2)可追踪性:建立项目工作产品之间的前后继承关系。目的是确保设计满足需求、代码实现设计,以及用正确代码编译形成可执行文件等。

(3)版本隔离:基线为项目工作产品提供了一个定点和快照,新项目可以从基线提供的定点之中建立。作为一个单独分支,新项目将与随后对原始项目(在主要分支上)所进行的变更进行隔离。

3)配置管理库

配置管理库就是指各种管理工具所创建的用于管理配置管理项的数据库,如大家常用的 VSS 或 CVS 等工具创建的数据库或文件库。因为在生命周期的不同阶段,软件产品发生变化对项目进展的影响程度是不同的,所以在变化控制规程中一般会制定不同的控制策略,针对不同配置管理项或同一配置管理项的不同状态采取不同的变更控制流程。

一般按照变更控制权限将配置管理库分为:开发库、受控库和产品库。

(1)开发库。开发库指在软件生存周期的某一个阶段,存放与该阶段软件开发工作有关的中间产品的库。"开发库"对项目组成员具有比较宽松的入库、出库和变更的权限,根据大家的需要随时都可以对其负责的配置管理项进行各种操作。开发库 CMI 的变更一般只保留记录,不需要审批控制。

(2)受控库。受控库指在软件生存周期的某一个阶段结束时,存放作为阶段产品的、与软件开发工作有关的中间产品的库。"受控库"对项目组成员来说是没有"CheckIn"和"CheckOut"的权限的,对"受控库"的操作只能由配置管理员来完成。因为受控库中存放的是版本已经固定的文档或程序。假如当前程序要交付测试组测试,可是交付的是保存在"开发库"中的版本,如果这时被别人修改了,那么之前交付的程序就是旧的,进行的测试也就没有意义了,这就是"受控库"存在的原因。受控库 CMI 的变更是严格受控的,至少需项目配置控制委员会(configuration control board,CCB)审批。

(3)产品库。软件产品库指在软件生存周期的系统测试阶段结束后,存放最终产品而后交付给用户运行或在现场安装的软件的库。"产品库"的操作同样由配置管理员来完成。因为产品库存放交付给用户的产品,影响重大,它的出库通常都需要组织级 CCB 甚至最高领导者审批。

上述 3 个库是一种逻辑上的定义,在物理上可以是 1 个库,也可以是多个库。但是,每个配置管理项最好在物理上保持唯一性,不要既存在于 A 库中,又存在于 B 库中,因为这样如果修改了 A 库的内容,而 B 库的没有修改,又有人在 B 库的基础上去做修改,就出现错误了。所以如果物理上不是 1 个库,则在多个库之间要有机制防止上述现象的发生。如果物理上是 1 个库,则可以通过打标签的方式标志配置管理项的状态变化,如不同的标签代表了该配置管理项处于不同的库中,也即具有不同的控制权限。

有的单位将开发库放在项目组管理,受控库放在部门级管理,产品库放在组织级管理,各自有不同的控制流程,从而使三库管理与多级管理合为一体,比较符合当前常见的管理体系。此时应注意各库之间迁移时,CMI 的状态变化,要有策略保证库之间的一致性。

7.1.2　配置管理的主要活动

配置管理的主要活动是利用配置标识、配置变更控制、配置状态统计和配置审核建立和维护工作产品的完整性(包括完备性、正确性、一致性和可追踪性),软件配置管理过程贯穿软件项目的生存周期全过程。

1)配置标识

识别待纳入配置管理的工作产品,并使它们是可访问的。配置标识的目的,是在整个生命周期中标识各产品并提供对软件过程及其软件产品的跟踪能力。它回答了什么是受控的。

2)配置变更控制

在软件生命周期中控制软件产品的发布和变更,目的是建立确保软件产品质量的机制。它回答了受控产品怎样变更,谁控制变更,何时接受、恢复、验证变更。

3)配置状态统计

记录和报告变更过程,目标是不间断记录所有基线项的状态和历史,并进行维护,它解决了已经做了什么变更及此问题将会对多少个文件产生影响。配置变更控制针对软件产品,状态统计针对软件过程。因此,二者的统一就是对软件开发(产品、过程)的变更控制。

4)配置审核

验证软件产品的构造是否符合需求、标准或合同的要求,目的是根据 SCM 的过程和程序,验证所有软件产品已经产生并有正确标识和描述,所有的变更需求都已解决。它回答了系统和需求是否吻合,以及是否所有变更都处于控制之下。

具体到项目中,一般的配置管理流程如图 7-1 所示。

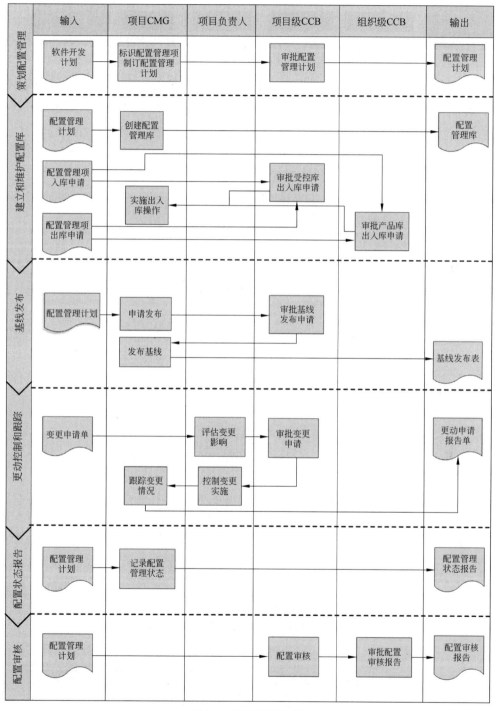

图 7-1　配置管理流程

7.2 软件配置管理实践

7.2.1 配置管理策划

制订和维护实施配置管理计划既是 CMMI 共用实践 2.2 对配置管理过程的要求,也是实际开展配置管理活动及相关的跟踪监督、测量分析活动的前提。只有明确相应的配置管理职责,提供可用的资源,合理地安排配置管理活动的进度才能有效地开展配置管理活动。另外,标识配置管理项、划分基线、确定配置控制策略、明确状态记录与配置审核要求和提出配置管理库的安全性要求都是配置管理策划中应予充分考虑的内容。

配置管理策划的基线设置、进度安排等内容要依据软件开发计划确定,所以前提是软件开发计划的相关内容已确定,输入就是软件开发计划。

配置管理策划的主要活动如下。

【活动 1】根据项目需要定义要纳入配置管理的 CMI,CMI 的选择可参照如下原则:

(1) 软件开发计划中策划的需交付的产品和需受控管理的其他工作产品;

(2) 软件工程组和软件测试组使用的工具;

(3) 因错误或因需求更改而经常更改的工作产品;

(4) 因其他工作产品更动而受影响的工作产品;

(5) 采购的产品。

【活动 2】为定义的 CMI 分配唯一标识。标识规则可参考以下示例。

CMI 标识=项目标识/CMI 类型/CMI 名称/CMI 版本;

每个字段都有专门的定义规则,如版本采用 X.YY 的形式等;

例如,项目标识为 PrjTest,需求规格说明文档 1.00 版,按上述规则标识如下:

PrjTest/DOC/SRS/1.00。

【活动 3】根据软件开发计划确定的里程碑指定基线,包括基线名称、标识和基线所包含的 CMI。在划分基线时可以有阶段式和连续式两种方式:阶段式,即基线只包含本阶段产生的 CMI,基线之间一般不重复,任一 CMI 变更时,根据影响域分析重新发布所有受影响的基线;连续式,即后面阶段的基线可以包含部分或全部包含前面阶段基线的 CMI,当 CMI 变更时,受影响 CMI 在后阶段基线中都能找到,这时只重新发布后阶段基线即可。

软件开发过程中的常用基线设置可参考表 7-1,本书采用阶段式基线。

表 7-1 常用基线设置

序号	基线及标识	配置管理项
1	功能基线(AR)	软件研制任务书
2	分配基线(RS)	软件需求规格说明
		软件接口需求规格说明

续表

序号	基线及标识		配置管理项
3	设计基线（DD）	概要设计基线（SD）	软件概要设计说明
			软件接口概要设计说明
			数据库概要设计说明
4		详细设计基线（PD）	软件详细设计说明
			软件接口详细设计说明
			数据库详细设计说明
5	实现基线（RB）	编码和单元测试基线（CU）	软件单元测试报告
			软件单元测试说明
			软件源代码
6		集成测试基线（IT）	软件集成测试说明
			软件集成测试报告
			软件可执行程序
7	配置项测试基线（CT）		软件配置项测试说明
			软件配置项测试报告
			软件程序员手册
			软件用户手册
			软件产品规格说明
8	产品基线（PB）		对外发布的产品

【活动 4】安排配置管理所需的资源，包括人员、设备、工具等。

【活动 5】确定配置控制策略，如配置管理项出入库的程序，变更的控制程序等，明确状态记录和配置审核要求。

【活动 6】安排配置管理活动与进度，包括配置状态报告、配置审核等活动及时机。

【活动 7】制定配置管理库的安全措施，包括基于安全保密方面的访问控制，以及备份手段，以便发生故障时能迅速有效恢复。

【活动 8】根据以上策划结果，编制配置管理计划，可参考如下配置管理计划模板。

配置管理计划

1　范围

1.1　标识

（1）写明本文档的标识号；

（2）标题；

（3）本计划适用的系统和（或）CSCI。

1.2　系统概述

概述本文档所适用的系统和（或）CSCI 的用途。

1.3　文档概述

概述本文档的用途和内容。

1.4　与其他计划的关系

概述本计划与其他计划的关系。

2　引用文件

按文档号、标题、编写单位(或作者)和出版日期等,列出本文档引用的所有文件。

3　术语和定义

给出所有在本文档中出现的专用术语和缩略语的确切定义。

4　组织与资源

4.1　组织机构

描述软件配置管理的组织机构,包括每个组织的权限和责任,以及该组织与其他组织的关系。可以用图形的方式描述执行软件配置管理活动的组织结构及在项目管理体系中的位置。

4.2　人员

描述用于配置管理的人员及其在配置管理组织中的角色,以及承担的职责。

4.3　资源

描述软件研制单位用于软件配置管理的所有资源。

5　软件配置管理活动

描述配置标识、配置控制、配置状态记录与报告,配置审核,以及软件发现管理交付等方面的软件配置管理活动。

5.1　配置标识

描述基线和配置管理项的标识方案;详细描述本项目的每一基线,包括基线的名称、基线的项目唯一标识符、基线的内容和基线预期的建立时间等。还应详细描述本项目的每一个配置管理项,包括名称、项目唯一标识符及其受控时间等;若为基线软件配置管理项,还应注明所属的基线名称。

5.2　配置控制

描述软件生存周期各个阶段都适用的配置控制方法,如下所示。

(1) 在本计划所描述的软件生存周期各个阶段使用的更改批准权限的级别。

(2) 对已有配置管理项的更改申请进行处理的方法,其中包括:

① 详细说明在本计划描述的软件生存周期各个阶段提出更改申请的规程;

② 描述实现已批准的更改申请(如源代码、文档等的修改)的方法;

③ 描述软件配置管理库控制的规程,例如,库存软件控制、对于使用基线的读写保护、成员保护、成员标识、档案维护、修改历史及故障恢复等规程;

④ 描述配置管理项和基线变更、发布的规程及相应的批准权限。

(3) 当与不属于本软件配置管理计划适用范围的软件和项目存在接口时,应描述对其进行配置控制的方法。如果这些软件的更改需要其他机构在配置管理组评审之前或之后进行评审,则应描述这些机构的组成、他们与配置管理组的关系及他们相互之间的关系。

(4) 与特殊产品(如非交付的软件、现有软件、用户提供的软件和内部支持软件)有关的配置控制规程。

5.3　配置状态报告

(1) 描述对配置管理项状态信息收集、验证、存储、处理和报告等方法;

(2) 描述应定期提供的报告及其分发方法;

(3) 适用时,描述所提供的动态查询的能力;

(4) 适用时,记录用户说明的特殊状态,同时描述其实现手段。

5.4　配置审核

(1) 指明软件生存周期内的特定时间点上要执行的配置检查和评审工作;

续表

（2）规定每次检查和评审所包含的配置管理项和检查内容；

（3）指出用于标识和解决在检查和评审期间所发现问题的处理规程。

5.4　软件发行管理和交付

（1）控制有关软件发行管理和交付的规程和方法；

（2）确保软件配置管理项完整性的规程和方法；

（3）确保一致且完整地复制软件产品的规程和方法；

（4）按规定要求进行交付的规程和方法。

6　工具、技术和方法

描述为支持特定项目的软件配置管理所使用的软件工具、技术和方法，指明他们的用途，并在使用者权限的范围内描述其用法。

7　配置管理库的安全性要求

指明在软件生存周期过程中，对配置管理库的安全保密性和可靠性所采取的措施，还应包括配置管理库的备份方式、频度、责任人等。

【活动 9】评审配置管理计划，评审人员至少包括项目负责人、软件工程组、软件测试组、项目配置管理委员会、项目配置管理组和项目质量保证组。

一般配置管理计划应通过评审，得到组织级配置控制委员会的批准。

【活动 10】建立配置库

依据配置策划结果，在获取配置策划中提出的资源（如用于存储 CMI 的服务器，支持配置管理的软件工具等）后，由相应人员进行配置管理库的初始化（如设置相关人员权限，设置运行参数，设置基线和 CMI 等），从而建立配置管理库。

实际中，配置管理库的建立并不是一步到位的，当获得软件研制任务要求、任务通知等外部输入时，可先建立只策划了功能基线的配置库，执行相应 CMI 的入库及功能基线的发布；待软件配置管理计划完成时，再详细策划其他基线和 CMI 并更新配置管理库的设置。

（1）开发库：一般由项目负责人负责建立，为每个项目成员分配操作权限。项目成员拥有增加 CMI、入库和出库等权限，但是不能拥有"删除"权限；项目负责人拥有所有权限，负责维护开发库；过程记录等可放在开发库中，按过程域分类进行管理，如质保记录、配管记录等。

（2）受控库：可由项目配置管理员建立，受控库中 CMI 分为基线和非基线两类。一般情况下，需交付给用户的 CMI 应作为基线 CMI 进行管理；数据管理计划中确定进行管理的其他内容可作为非基线 CMI 进行管理。

（3）产品库：可由组织级配置管理员按组织级产品库进行管理，一般设置产品库的存放位置、存取权限等，可以实施产品的出入库。

三库建立后，就可以根据 CMI 的形成进展和使用需要，执行 CMI 的出入库。对开发库，不需履行特别的入库审批手续，通常使用普通的"检入""检出"即可，采用支持开发平台的商用管理软件来实现更方便，如 VSS、SVN 等；对受控库、产品库，都应根据对 CMI 的要求，执行相应的检查，履行严格的审批手续才能入库和出库。

7.2.2　建立基线

基线是开展后续工作的依据，因此基线的发布应获得正式的批准，基线的配置管理项应来自配置管理库,同时应保证项目组相关人员都能够获取有效的基线版本。

发布基线的条件包括:

(1) 基线所含 CMI 经过评审(开发计划中确定外审的基线,在外审后发布;不需要外审的,在内审后发布基线),且评审问题已全部关闭;

(2) 基线所含 CMI 已全部入库;

(3) 配置审核发现的问题已全部关闭。

建立基线的主要活动一般如下。

【活动 1】项目负责人、项目配置管理组和项目质保组对需要发布的基线进行审核,基线审核的内容详见 7.2.4 节。

【活动 2】项目 CCB 审批基线的发布。

【活动 3】配置管理员及时向利益相关方发布基线。

【活动 4】已发布的基线发生更改时,应按照上述步骤进行重新发布。

基线发布完成的标志是利益相关方在基线发布表上签字确认,可获取到发布基线所含的配置管理项,输出基线发布表。

7.2.3 跟踪和控制变更

控制产品在整个生存周期内的变化,确保创建一致的基线软件产品是配置管理的核心目的,所以更动控制是配置管理中最重要的活动,控制好更动过程其他步骤才能实施。

进入更动控制的前提是配置管理项有变更需求,如:

(1) 需求变更引起 CMI 的更动;

(2) 问题报告引起的 CMI 更动;

(3) 纠正不符合项引起的 CMI 更动;

(4) 引起 CMI 更动的其他原因。

开发库更动管理比较简单,一般采用支持开发平台的商用管理软件进行检出、更动、检入过程实现管理,根据商用软件支持的特性实现检出时锁定或检入时合并等。

受控库、产品库更动控制程序如下。

【活动 1】由更动申请人提出更动申请,申请中应包括更动方案(包括验证与确认方案)、影响域分析、更动负责人、预期完成时间等,填写更动申请报告(可参见表8-6)。影响域分析一般包括以下内容:

(1) 对项目进度的影响;

(2) 对工作量的影响;

(3) 对系统的影响;

(4) 对其他配置管理项的影响;

(5) 对测试的影响;

(6) 对资源和培训的影响;

(7) 对开发工具的影响;

(8) 对接口的影响;

（9）对利益相关方的影响。

【活动2】项目负责人组织相关人员对更动申请进行评估,给出评估意见。

【活动3】审批更动申请,根据CMI的受控级别作如下区分:

（1）对于受控库中非基线的CMI的更动,项目负责人组织相关人员对更动进行评审,给出审批意见;

（2）涉及基线的CMI的更动或对外承诺的更动(如需求更改、交付时间变更等),需项目级CCB审批;

（3）产品库的CMI的更动须组织级CCB审批。

【活动4】实施更动,包括:

（1）更动负责人按照出库控制要求,得到待更动CMI;对受控库CMI更动,将受控库CMI导入开发库或解除开发库中对应CMI;对产品库CMI更动,追溯其受控库CMI,解除锁定,变为更动状态,将受控库CMI导入开发库或解除开发库中对应CMI。

（2）根据批准的更改方案组织相关人员实施更动。

（3）对更动完成的版本进行验证,验证通过后按入库控制纳入配置管理库。

【活动5】进行更动追踪,从提出更动申请开始,配置管理员维护更动CMI的状态,直至关闭。

（1）对CMI的状态,一般CMI入库后为可用状态;申请更动时,CMI状态变为待更动,更动出库后,CMI的状态变为更动中,这期间不得用于基线发布或再次出库;CMI更动完成,更动入库后,对应CMI形成新的版本,新版本为可用状态。

（2）当更动申请获得批准时,更动申请的状态应为打开状态;当更动申请报告中涉及更动的CMI都更动完成并入库后,应关闭本次更动申请。

更动控制和跟踪完成的标志是更动后的CMI已入库,更动申请关闭,输出为更动申请报告。

7.2.4　配置审核与状态报告

配置审核的目的是维护配置的完整性,一般在发布基线前应进行配置审核。

启动配置审核的时机为配置管理计划规定的审核事件或时间到达。输入为配置管理计划和配置审核检查单,如表7-2所示。

【活动1】一般由项目控制委员会组织配置审核活动,项目配置管理组参加,项目质量保证人员可以参与监督,依据配置管理计划和配置审核检查单规定的审核项执行相应的功能审核、物理审核及配置审核。

【活动2】记录审核中发现的问题(问题记录可参照第7章项目监控中的问题报告与处置表);按照管理纠正措施的要求解决存在的问题,直至问题关闭。

【活动3】给出配置审核结论,将配置审核结果通知到相关方。

配置审核完成的标志是配置审核结果已经通知到相关方,审核中发现的问题已得到解决,输出为配置审核检查单,如有问题,还应有问题报告与处置表。

表 7-2 配置审核检查单示例

项目名称		项目标识			
审核时间		审核人员			
序号	审核内容	符合	不符合	不适用	结果备注
1	配置管理项的标识是否与计划一致				
2	配置管理项是否均已按照配置管理计划要求放入适当级别的配置管理库				
3	需要的配置管理项能否在受控库中找到				
4	基线设置与计划是否一致				
5	发布基线的 CMI 是否完整				
6	受控库中的配置管理项是否全部符合配置管理计划规定的入库条件				
7	配置管理记录是否完整,与实际操作一致				
8	受控库是否按计划做了备份,备份是否可恢复				
9	初始入库的配置管理项是否经过评审且评审问题已关闭				
10	基线中各配置管理项是否经过评审,问题是否归零				
11	所有被确定要变更的配置管理项是否都作了变更,且有质量保证人员确认,并完成入库活动				
12	功能配置管理项的操作支持文档是否完备				
13	组成基线的配置管理项是否完整				
14	组成基线的配置管理项是否有入库记录				
15	基线的变更是否遵循变更控制规程				
16	基线变更的配置管理项是否经过了验证,是否有明确的责任人和验证人				
审核结论					

填写说明:
(1) 本表单是配置审核的检查依据,内容可以根据实际情况增减。
(2) 审核结果为不符合的检查项在结果备注中填写实际检查结果;结果为"不适用"的检查项在结果备注中填写不适用的原因。

配置状态报告是为了使项目相关人员了解项目开发的当前状态及其演化进程。启动时机是配置管理计划规定的状态报告时机或事件到达。输入为配置管理活动记录和库中的状态信息。

【活动1】配置管理计划规定的配置状态报告时机到达或事件发生时,项目配置管理员根据配置管理库的当前状态生成配置状态报告,配置状态报告的模板如下所示。

配置状态报告

1　范围

1.1　标识

（1）已批准的标识号；

（2）标题；

（3）本文档适用的软件系统和(或)CSCI。

1.2　系统概述

概述本文档所适用的系统和(或)CSCI的用途。

1.3　文档概述

概述本文档的用途和内容。

2　术语和缩略语

给出所有在本文档中出现的专用术语和缩略语的确切定义。

3　配置状态报告

3.1　基线状态

说明项目当前的基线状态,配置管理项状态,出入库情况等。

基线状态,一般包括基线名称、基线版本、发布日期、基线内容等。

例如,项目当前的基线状态见表1。

表 1　基线及阶段状态表

基线名称	版本	基线状态	发布时间	包含 CMI	版本	CMI 状态
功能基线	V1.00	发布	2010-03-30	软件研制任务书	V1.00	入库
分配基线	V1.00	未发布	未发布	软件需求规格说明	V1.00	未入库
				……		
……						

配置管理项状态一般包括：名称、标识、版本变更历史、是否基线受控等。

例如,项目配置管理库中各个配置管理项的版本情况见表2。

表 2　配置管理项版本及状态表

CMI 名称	标识	版本	前向版本	状态
软件研制任务书	A1000069/DOC_SDT/1.00	V1.00		基线受控
软件开发计划	A1000069/DOC_SDP/1.00	V1.00		非基线受控

出入库记录列出配置管理项的入库、出库记录,包括入/出库时间、申请单号、操作时间等。

例如,项目当前各个配置管理项的出入库记录见表3。

表 3　配置管理项出入库记录表

CMI 名称	版本	配置活动	申请单号	实施时间
软件研制任务书	V1.00	CMI 初始入库	A1000069/CheckIn—001	2010-03-30
软件开发计划	V1.00	CMI 初始入库	A1000069/CheckIn—003	2010-04-30

3.2　变更状态

3.2.1　问题报告

描述项目实施中提交的问题报告。

例如,项目实施中提交的问题报告情况见表4。

表 4　问题报告统计表

序号	问题标识	问题类型	问题级别	报告人	报告时间	状态	对应的更动标识

3.2.2　更动申请

描述项目实施中提交的更动申请情况。

例如,项目实施中提交的更动申请情况见表 5。

表 5　更动申请报告统计表

序号	更动标识	更动类型	预期完成时间	实际完成时间	状态	负责人

3.2.3　更动追踪

说明更动的追踪情况。

例如,项目实施中产生的变更过程见表 6。

表 6　更动过程追踪表

序号	更动申请标识	配置管理项	更动前版本	出库时间	更动后版本	入库时间

4　配置审核情况

描述对配置管理库进行配置审核的情况。包括配置审核记录单、审核时间、审核人、发现的不合格项数量、已关闭的不合格数量、其他审核说明等。

例如,配置审核记录表见表 7。

表 7　配置审核记录表

配置审核报告标识	审核日期	审核组长	审核结果	备注

【活动 2】项目配置管理员应及时将配置状态通报到软件工程组、软件测试组、项目质量保证组和项目 CCB。

完成配置状态报告,并通知到利益相关方,输出为配置状态报告。

7.3　配置管理工具

"工欲善其事,必先利其器",在软件开发的规模越来越大,结构越来越复杂的形势下,落实软件配置管理要完成大量繁琐细致的工作,不使用工具已经很难完成。现在使用的很多配置管理工具,有的使用简便易学,但功能和安全性较弱,有的安全性和版本管理功能较强,但学习曲线和费用较高。对于不同团队,不同开发项目,适用的配资管理工具也不相同。总之,要综合考虑工具的功能性、易用性、安全性等特点和使用成本、后期维护等因素,选择最适合自身的配置管理工具。

下文简要介绍几种常用工具的特点。

【工具 1】VisualSourceSafe(VSS)

VSS 是美国微软公司的产品,是配置管理的一种入门级的工具,因为其与 VisualStudio 开发套件可以较好地集成使用,早期运用较多,现在使用较少。

易学易用是 VSS 的强项,采用标准的 Windows 操作界面,只要对微软的产品熟悉,就能很快上手。安装和配置非常简单,对于该产品,不需要额外的培训,只要参考微软完备的随机文档,就可以很快地将其用到实际的工程当中。

VSS 的配置管理的功能比较基本,提供文件的版本跟踪功能,对于构建和基线的管理,VSS 的打标签的功能可以提供支持。VSS 提供 share(共享)、branch(分支)和合并(merge)的功能,对于团队的开发进行支持。VSS 不提供对流程的管理功能,如对变更的流程进行控制,不能提供对异地团队开发的支持。此外 VSS 只能在 Windows 平台上运行,不能运行在其他操作系统上。

VSS 的安全性不高,用户可以在文件夹上设置不可读,可读,可读/写,可完全控制四级权限,但由于 VSS 的文件夹是要完全共享给用户后,用户才能进入,所以用户对 VSS 的文件夹都可以删除,这一点也是 VSS 的一个比较大的缺点。

VSS 没有采用对许可证进行收费的方式,只要安装了 VSS,对用户的数目是没有限制的。因此使用 VSS 的费用是较低的。现在微软已经不再对 VSS 进行后续更新。

【工具 2】ConcurrentVersionSystem(CVS)

CVS 是开源代码的配置管理工具,其源代码和安装文件都可以免费下载。CVS 是源于 Unix 的版本控制工具,对于 CVS 的安装和使用需要对 Unix 的系统有所了解才能更容易学习,CVS 的服务器管理需要进行各种命令行操作。目前,CVS 的客户端有 winCVS 的图形化界面,服务器端也有 CVSNT 的版本,易用性正在提高。

CVS 的功能除具备 VSS 的功能外,它的客户机/服务器存取方法使开发者可以从任何因特网的接入点存取最新的代码;它的无限制的版本管理检出的模式避免了通常的因为排它检出模式而引起的人工冲突;它的客户端工具可以在绝大多数的平台上使用。同样,CVS 也不提供对变更流程的自动管理功能。

CVS 的权限设置单一,通常只能通过 CVSROOT/passwd, CVSROOT/readers, CVSROOT/ writers 等文件,同时还要设置 CVSREPOS 的物理目录权限来完成权限设置,无法完成复杂的权限控制;但是 CVS 通过 CVSROOT 目录下的脚本,提供了相应功能扩充的接口,不但可以完成精细的权限控制,还能完成更加个性化的功能。

因为 CVS 是开发源码软件,所以没有生产厂家为其提供技术的支持。

【工具 3】StarTeam

StarTeam 是 Borland 公司的配置管理工具,StarTeam 属于商用的工具,在易用性、功能和安全性等方面都更全面。

StarTeam 的用户界面同 VSS 的类似,它的所有操作都可通过图形用户界面来完成,同时,对于习惯使用命令方式的用户,StarTeam 也提供命令集进行支持。同时,StarTeam 的随机文档也非常详细。

除了具备 VSS、CVS 所具有的功能外,StarTeam 还提供了对基于数据库的变更管理功能,是相应工具中独树一帜的。StarTeam 还提供了流程定制的工具,用户可根据自己的需求灵活地定制流程。与 VSS 和 CVS 不同,VSS 和 CVS 是基于文件系统的配置管理工具,而 StarTeam 是基于数据库的。StarTeam 的用户可根据项目的规模，选取多种数据库系统。

StarTeam 无须通过物理路径的权限设置，而是通过自己的数据库管理，实现了类 WinNT 的域用户管理和目录文件 ACL 控制。StarTeam 完全是域独立的。这个优势可以为用户模型提供灵活性，而不会影响到现有的安全设置。StarTeam 的访问控制非常灵活并且系统。用户可以对工程、视图、文件夹一直向下到每一个小的 item 设置权限。对于高级别的视图，访问控制可以与用户组、用户、项目甚至视图等链接起来。

StarTeam 是按 license 来收费的，需要投入一定的资金。公司将对用户进行培训，协助用户建立配置管理系统，并对用户提供技术升级等完善的支持。

【工具 4】ClearCase

ClearCase 是 Rational 公司的产品，也是目前使用较多的配置管理工具。

ClearCase 的安装和维护比 StarTeam 复杂，要成为一个合格的 ClearCase 的系统管理员，需要接收专门的培训。ClearCase 提供命令行和图形界面的操作方式，但从 ClearCase 的图形界面不能实现命令行的所有功能。

ClearCase 提供 VSS，CVS，StarTeam 所支持的功能，但不提供变更管理的功能。Rational 另有 ClearQuest 工具提供对变更管理的功能，与 StarTeam 不同，ClearCase 后台的数据库是专有的结构。ClearCase 对于 Windows 和 Unix 平台都提供支持。ClearCase 通过多点复制支持多个服务器和多个点的可扩展性，并擅长设置复杂的开发过程。

ClearCase 的权限设置功能与 StarTeam 相比没有专用的安全性管理机制，依赖操作系统。

ClearCase 需要考虑的费用除购买 license 的费用外，还有必不可少的技术服务费用于售后服务。

7.4　本章小结

本章首先说明了配置管理的必要性；其次介绍了配置管理项、基线、配置管理库等相关概念；再次分别说明了配置管理策划、基线建立、变更的控制和跟踪、配置状态报告及配置审核等配置管理主要活动的程序与要求，给出了配置管理计划、配置状态报告的文档模板；最后简要介绍了配置管理工具的应用，软件研制单位可在此基础上，结合本单位实际情况制定自己的配置管理程序。

软件质量保证

8.1　概述

质量保证的目的是使开发人员和管理者对过程和相关的工作产品能有客观、深入的了解，以便进一步提高软件质量。

质量保证通过在项目整个生存周期，向开发人员和各层次的管理者，提供对过程和相关工作产品适当的可视性和反馈，以支持交付高质量的产品和服务。

质量保证评价的客观性，是项目成功的关键。客观性通过独立性和准则两方面来达到。但经常使用的是一种组合方法，由不开发该工作产品的人按照准则采用不太正式的方法进行日常评价，而定期采用更正式的方法，可以保证客观性。

通常，独立于项目的质量保证组提供这种客观性。可是在某些组织中，在没这种独立性的条件下，实施质量保证职责可能是适合的。例如，在一个具有开放、重视质量文化的组织中，质量保证角色能由同行部分或全部担任，并且质量保证可以嵌入到过程中。对于小型组织，这可能是最切实可行的方法。

开展实施质量保证活动的人员应经过质量保证方面的培训。实施工作产品质量保证活动的人应与直接参与开发或维护该工作产品的人分开。必须有独立向组织的适当层次管理者报告的渠道，使必要时不符合项可以逐级上报。

质量保证应始于项目的早期阶段，以制订使项目成功的计划、过程、标准和规程。实施质量保证的人参与制订计划、过程、标准和规程，能确保它们适合项目的需要，并能用于进行质量保证评价。此外，还应指定在项目期间待评价的特定过程和相关工作产品。这种指定基于抽样或客观准则，这些准则与组织方针和项目的需求及需要相一致。

当标识出不符合项时，尽可能先在项目内处理与解决。无法在项目内解决的任何不符合项，需提升到合适的管理层解决。

质量保证贯穿整个软件项目生存周期。质量保证的主要内容包括：软件质量保证策划、过程评价、工作产品评价、处理与跟踪不符合项、编制质量保证报告 5 个活动。

质量保证策划指提出项目质量保证活动的实施计划，说明要进行的质量保证活动的内容、时间、人员及利益相关方；过程评价是对照适用的过程说明、标准和规程，客观地评价所指定的已实施过程；工作产品评价是对照适用的过程说明、标准和规程，客观地评价指定的工作产品和服务；处理与跟踪不符合项是对在项目生存周期中发现的不符合项进行处理，并对不符合项的处理情况进行跟踪验证，直至不符合项关闭；编制质量保证报告是报告其按照软件质量保证计划实施质量保证活动的情况及结果和质量趋势分析。

8.2 软件质量保证计划

8.2.1 制订软件质量保证计划

软件质量保证计划是整个生命周期内质量保证活动的依据,因此在项目开展的早期就应该依据软件研制任务要求、软件研制任务通知和初步的软件开发计划制订软件质量保证计划。

制订软件质量保证计划的前提条件是已获得软件研制任务要求,并且主管单位已下达了软件研制任务通知,已确定了生存周期模型、工作产品和进度安排。有关软件研制任务要求、软件研制任务通知的详细内容可参见需求管理中相关内容的描述。

项目质量保证组依据软件研制任务要求、软件研制任务通知,结合项目策划明确的生存周期模型、工作产品和进度安排等制订软件质量保证计划,主要活动如下。

(1)确定项目质量保证组人员及其职责。

(2)确定质量保证活动所需要的资源,包括工具、设备等。

(3)确定项目应遵循的标准、规范、规程和准则(如设计准则、编码准则)等。

(4)依据过程和产品评价准则分别确定项目的过程评价准则和产品评价准则。

(5)确定质量保证报告的要求。在项目过程中,可一个阶段或事件驱动地完成质量保证报告。驱动事件一般包括基线到达、里程碑到达和产品交付等。

(6)确定质量保证主要活动,并根据主要活动确定每项活动利益相关方参与计划,包括参与的人员和时间安排等内容。

质量保证主要活动包括:

① 过程评价;

② 工作产品评价;

③ 处理与跟踪不符合项;

④ 制定质量保证报告;

⑤ 必须参与的其他活动,包括评审、配置审核和例会等。

(7)依据初步的软件开发计划中确定的标准、规范、规程和准则等,结合项目的具体质量要求制定过程/工作产品评价表,可参考表 8-1。

表 8-1 过程/工作产品评价表

项目名称				项目标识	
阶段名称				评价时间	
评价内容					
序号	检查要点	符合	不符合	不适用	检查情况记录
评价情况	(描述不符合项性质与统计信息、不符合项影响等内容)				

（8）根据以上策划结果，制订软件质量保证计划，软件质量保证计划的主要内容如下所示。

质量保证计划表

1　范围

1.1　标识

描述本文档所适用的系统和（或）CSCI 的完整标识，包括其标识号、标题、缩略名和版本号。

（1）已批准的标识号；

（2）标题；

（3）本计划适用的系统和（或）CSCI。

1.2　系统概述

概述本文档所适用的系统和（或）CSCI 的用途和内容。

1.3　文档概述

概述本计划的目的和用途。

1.4　与其他计划的关系

写明本计划与其他计划的关系。例如，与软件开发计划的协调性等。

2　引用文档

按文档号、标题、编写单位（或作者）和出版日期等，列出本文档引用的所有文件。

3　术语和定义

给出所有在本文档中出现的专用术语和缩略语的确切定义。

4　组织和职责

描述实施质量保证活动的组织机构，包括组织机构的名称及各组织机构在质量保证活动所需的人员和应履行的职责，如表 1 所示。

表 1　组织与职责

组织机构名称	人员	职责

5　标准和规范

描述项目依据的标准、规范、规程和准则（如设计准则、编码准则）等。

6　过程评价

描述过程评价的活动安排，包括被评价的活动、评价时机、评价方法和依据、必须的参与者，如表 2 所示。

表 2　过程评价

序号	被评价的活动	活动的工作产品	评价方法和依据	必须的参与者	评价时机

7　工作产品评价

描述工作产品评价的活动安排，包括被评价的工作产品、评价时机、评价方法和依据、必须的参与者，如表 3 所示。

表 3　工作产品评价

序号	被评价的工作产品	评价方法和依据	必须的参与者	评价时机

8 不符合项处理与跟踪

描述过程评价和工作产品评价产生的不符合项处理和跟踪的方法。

不符合项的处理与跟踪包括评估和处理不符合项、跟踪验证不符合项、通报不符合项的处理。

9 其他活动

描述项目质量保证组参与的其他活动,如评审、配置审核和例会等。

10 工具、技术和方法

描述实施质量保证活动所需要的工具、技术和方法,以及他们的用途和用法。

11 记录的收集、维护和保存

描述要保存的软件质量保证活动的记录,并指出用于汇总、保存和维护记录的方法和设施及要保存的期限。

附录 A 软件过程评价表

给出实施过程评价的相关过程评价表。

附录 B 软件工作产品评价表

给出实施工作产品评价的相关工作产品评价表。

(9)评审软件质量保证计划,评审人员应包括责任单位领导、项目负责人、软件工程组、软件测试组、项目质量保证组和其他利益相关方等。

8.2.2 过程评价准则

一般情况下过程评价包括对软件开发过程、项目策划过程、项目监控过程、需求管理过程、配置管理过程、测量与分析过程和供方协议管理过程的评价,若项目对过程有裁剪时,可根据具体情况制定相应的检查表以反映过程裁剪的要求。

过程评价采用时间驱动与事件驱动相结合的方式。时间驱动指定时实施过程评价,时间周期可根据项目的具体过程活动的不同而变化,对项目监控和测量与分析过程可采用时间驱动方式进行评价,通过参加周例会、里程碑评审进行。事件驱动指当一些突发的、关键性的活动发生时实施过程评价,驱动事件一般包括各类变更的发生、基线到达、里程碑到达等。对需求管理过程,当需求发生变更、维护双向跟踪表时应进行评价。对项目策划过程,当初始策划、详细策划发生变更时应进行评价。对配置管理过程,当发生入库、出库、配置管理项有变更、基线发布、配置审核时应进行评价。

项目质量保证组依据应遵循的过程说明、标准、规程和准则,结合项目的具体质量要求,制定过程评价表,按照过程评价表实施过程评价;项目质量保证组在过程评价中,对过程评价表中所涉及的评价内容逐一进行审查并给出评价情况。

评价参与者主要有项目质量保证组、利益相关方。利益相关方包括需求提供者、项目负责人、软件工程组、项目配置管理委员会、项目配置管理组和软件测试组。项目质量保证组应根据每个过程域评价的具体要求,在软件质量保证计划中明确参与每个过程域评价的利益相关方。

8.2.3 工作产品评价准则

一般情况下软件研制任务要求中确定需交付的软件产品必须进行评价,包括软件系统设计说明、软件系统危险分析报告(如需要)、软件开发计划、需求规格说明、概要设计说明、详细设计说明、测试文档(测试计划、测试说明、测试记录、测试报告)、用户手册、软件源代码和可执行程序等。另外,可根据需要对其他内部工作产品进行评价。

对于研制任务要求中明确的需交付的文档类工作产品都应进行评价,文档类工作产品一般应在完成后进行评价;对软件代码应按照组织规定的抽样准则进行评价,抽样准则可参考:每个软件开发人员的第一个软件单元代码必须评价、对较高安全关键等级的软件至少抽查全部代码产品的20%、对高安全关键等级的软件至少抽查全部代码产品的50%;当工作产品发生变更后,可只评价变更部分。

项目质量保证组依据研制任务要求和初步的软件开发计划中确定的标准、规范和准则(如设计准则、编码准则等),结合项目的具体质量要求,参考8.7节制定工作产品评价表,按照工作产品评价表实施工作产品评价;项目质量保证组在工作产品评价中,对工作产品评价表中所涉及的评价内容逐一进行审查并给出评价情况,项目质量保证组可通过参与评审、验证等方式来评价工作产品。

评价参与者主要有项目质量保证组、利益相关方。利益相关方包括项目负责人、软件工程组、项目配置管理委员会、项目配置管理组和软件测试组。项目质量保证组应根据每个工作产品评价的具体要求,在软件质量保证计划中明确参与每个工作产品评价的利益相关方。

8.2.4　评价准则维护

评价准则应随着软件过程的持续改进不断完善,软件工程过程组应收集过程改进意见和建议,定期对评价准则(含过程和工作产品评价要点)进行评审,完善评价准则。评审周期可先密后疏,软件质量体系运行初期准则的维护可半年或随体系的变更一同进行。软件质量体系运行相对稳定后,可一年进行一次准则的维护。

8.3　过程评价

根据软件质量保证计划规定的内容对项目过程实施客观评价,发现偏离情况,以便及时采取措施,确保正在实施的过程符合过程说明、标准和规程的要求。

过程评价的前提条件是软件开发计划、软件质量保证计划通过评审,过程评价时机到达。所必须的输入是软件开发计划、软件质量保证计划、过程活动和记录。

过程评价的主要活动如下。

(1) 对过程进行评价。在软件质量保证计划规定的评价时机到达时,利用软件质量保证计划中明确的过程评价表对过程进行评价,检查其对过程说明、标准和规程等的遵循性。

(2) 标识不符合项,对识别出的每个不符合项应填写不符合项报告与处置表(参照表8-2)。不符合项标识规则可采用:项目标识-不符合项-序号。

(3) 形成过程评价表。每次过程评价完成后,项目质量保证组填写过程评价表,并将评价结果通报给责任单位领导、项目负责人、软件工程组和其他利益相关方等。

表 8-2　不符合项报告与处置表

项目名称		项目标识	
不符合项标识		（项目标识-不符合项-序号）	
不符合项事实	（描述不符合项来源：过程或工作产品；其次描述不符合项所偏离的标准、规范、规程、设计准则、计划、约定等。） （注：项目质量保证组审核时，项目质量保证组签字；组织级质量保证组审核时，组织级质量保证组组长签字。） 审核人员： 日　　期：		
不符合项评估	严重程度：□ 严重　　□ 一般 产生原因： 影响分析：		
纠正措施 （可另附页）	纠正措施：（描述制定的纠正措施，采取纠正措施所需要的资源及纠正措施完成时间。）		
	责任人	（签字）（日期）	
结果验证	（应明确说明纠正措施的执行情况。若不符合项是针对产品的，应在此处对变更后的产品进行评价说明。）		
不符合项 关闭情况	□不处理已获批准　　□纠正措施已落实　　□无纠正措施	（审核人员） （日期）	
项目负责人		（签字）（日期）	
责任单位领导		（签字）（日期）	
会签		（签字）（日期）	

过程评价完成的标志是过程评价结果已通报给相关人员，输出是不符合项报告与处置表、过程评价表。

8.4　工作产品评价

根据软件质量保证计划规定的内容对工作产品进行客观评价，发现偏离情况，以便及时采取措施，确保工作产品符合要求。

工作产品评价的前提条件是软件开发计划、软件质量保证计划已通过评审，工作产品评价时机到达。所必须的输入是软件开发计划、软件质量保证计划、待评价工作产品。

客观评价工作产品的主要活动如下。

（1）对工作产品进行评价。在软件质量保证计划规定的评价时机到达时，利用软件质量保证计划中明确的工作产品评价表对工作产品进行评价，检查其对标准、规范的遵循性。

（2）标识不符合项，对识别出的每个不符合项应填写不符合项报告与处置表（参照表 8-2）。不符合项标识规则可采用：项目标识-不符合项-序号。

（3）形成工作产品评价表。每个工作产品评价完成后，项目质量保证组填写工作产品评价表，并将评价结果通报给责任单位领导、项目负责人、软件工程组和其他利益相关方等。对于变更后的工作产品，可在不符合项报告与处置表的纠正措施验证栏给予评价。

工作产品评价完成的标志是工作产品评价结果已通报给相关人员，输出是不符合项报告与处置表、工作产品评价表。

8.5　处理与跟踪不符合项

项目质量保证组应对在项目生存周期中发现的不符合项与相关人员进行沟通，由相关人员完成处理，并对不符合项的处理情况进行跟踪验证，直至不符合项得到关闭。

处理与跟踪不符合项的前提条件是存在不符合项，所必须的输入是不符合项报告与处置表。

处理与跟踪不符合项的主要活动如下。

1）评估和处理不符合项。项目负责人组织项目质量保证组和相关人员对不符合项进行分析评估，确定每个不符合项的严重程度并提出处理意见。

不符合项的严重程度可分为两级：严重和一般。严重不符合项指未按照过程或工作产品的相关要求执行，对项目进度或软件产品质量造成严重影响；一般不符合项指未按照过程或工作产品的相关要求执行，但未对项目进度造成影响或纠正后不影响最终交付的软件产品质量。

不符合项的处理包括：

（1）确定每个不符合项的纠正措施，明确责任人和完成时间。

不符合项纠正措施可以采用以下方法：

① 纠正不符合项；

② 修改不适用的过程说明、标准和规程；

③ 获准不处理不符合项。

（2）如果不符合项的处理意见为不处理、不符合项在项目组内不能处理或者不符合项是由于过程说明、标准和规程等不适当造成的，项目质量保证组应填写问题上报表（参照表 8-3），依据不符合项的严重程度向主管单位直至最高管理者报告。一般情况下，一般不符合项上报到主管单位进行处理；严重不符合项上报到最高管理者进行处理。若项目质量保证组认为一般不符合项必须得到解决也可上报至最高管理者。

2）跟踪验证和评审不符合项。项目质量保证组应跟踪每个不符合项的纠正措施，并对结果进行验证，直至不符合项关闭。

项目质量保证组可结合周例会、里程碑评审和管理者验证会对尚待解决的不符合项和趋势进行评审。

3）通报不符合项处理结果。对不符合项的处理和跟踪应客观记录在不符合项报告与处置表中，并将处理结果通报给责任单位领导、项目负责人、软件工程组和其他利益相关方。

表 8-3 问题上报表

项目名称		项目标识	
问题描述	（1）描述在项目组内不能解决的不符合项或不处理的不符合项； （2）尚未纳入软件质量管理体系文件中的依据； （3）描述由于过程说明、标准、规程等不适当造成的不符合项		
	项目质量保证组　　　（签字）　　　　日期		
最高管理者/主管 单位领导意见			
	（签字）（日期）		
责任人 意见			
	（签字）（日期）		
会签			
	（签字）（日期）		

处理与跟踪不符合项完成的标志是不符合项已关闭，不符合项报告与处置表、问题上报表已完成。

8.6 编制质量保证报告

项目质量保证组编制质量保证报告，报告其按照软件质量保证计划实施质量保证活动的情况及结果和质量趋势分析。

编制质量保证报告的前提条件是编制质量保证报告的时机到达，所必须的输入是软件质量保证计划、不符合项报告与处置表、过程评价表、工作产品评价表和问题上报表。

编制质量保证报告的主要活动如下。

（1）分析质量保证活动完成情况及不符合项纠正情况。项目质量保证组应定期（一般一个月一次）对照软件质量保证计划，分析软件质量保证计划的完成情况，主要包括已实施的质量保证活动、应完成但未完成的质量保证活动及其原因。分析发现的不符合项及其严重程度、不符合项的状态、纠正措施的完成情况。

（2）质量趋势分析。项目质量保证组可利用趋势图或不符合项在软件生存周期各阶段的分布图分析不符合项以确定质量趋势。

（3）项目质量保证组提出软件工程过程改进建议，例如，修改管理措施、更新技术标准/

规范、改进软件生存周期过程模型和评价准则等。

（4）当软件产品完成后，在产品交付前应对产品质量进行评价，评价要交付的软件产品是否符合用户的质量要求。

（5）项目质量保证组编制质量保证报告，并将其通报给责任单位领导、项目负责人、软件工程组和其他利益相关方。涉及软件过程改进的内容应得到软件工程过程组的会签。质量保证报告的主要内容如下所示。

软件质量保证报告

1　概述

概述本文档的用途和内容。

2　质量保证报告

2.1　过程评价完成情况

说明项目当前已完成的过程评价情况见表 1。

表 1　过程评价完成情况统计表

被评价的活动	起止时间	当前阶段	计划评价时间	实际评价时间	偏离原因说明	不符合项总数

过程评价不符合项统计情况见表 2。

表 2　过程评价不符合项情况统计表

不符合项标识	严重程度	偏离原因说明	预期完成时间	应完成状态	当前状态	责任人

2.2　工作产品评价完成情况

说明项目当前已完成的工作产品评价情况见表 3。

表 3　工作产品评价完成情况统计表

被评价的工作产品	起止时间	当前阶段	计划评价时间	实际评价时间	偏离原因说明	不符合项总数

工作产品不符合项统计情况见表 4。

表 4　工作产品评价不符合项情况统计表

不符合项标识	严重程度	偏离原因说明	预期完成时间	应完成状态	当前状态	责任人

3　质量趋势分析/评估

描述软件质量趋势分析或质量评估结果。

在项目过程中应进行分析质量趋势;在产品交付前应进行评估产品质量。

4　过程改进建议

项目质量保证组提出软件工程过程改进建议,例如,修改管理措施、更新技术标准/规范、更换软件生存周期过程模型和更新评价准则等。

编制质量保证报告完成的标志是质量保证报告已通报给利益相关方。

8.7　评价要点

8.7.1　过程评价要点

1. 软件开发过程评价要点

对软件开发过程每个阶段的评价一般包括完整性、规范性、一致性和符合性评价等,但应根据所选生存周期模型的特点确定评价要点。本书以 W 模型说明各阶段的评价要点。

1) 完整性评价

主要目的是评价每个阶段是否按要求完成了该阶段的任务,提交了相应的工作产品,下面分阶段描述各阶段完整性评价的要点。

(1) 软件系统分析与设计阶段是否完成了软件系统设计说明、软件系统测试计划、软件研制任务书;

(2) 软件需求分析阶段是否完成了软件需求规格说明、软件接口需求规格说明(如需要)、软件配置项测试计划;

(3) 软件概要设计阶段是否完成了软件概要设计说明、软件接口设计说明(如需要)、软件数据库设计说明(如需要)、软件集成测试计划;

(4) 软件详细设计阶段是否完成了软件详细设计说明、软件单元测试计划;

(5) 软件实现阶段是否完成了软件静态测试报告(包括代码审查、静态分析和代码走查)、单元测试说明、软件单元测试记录、软件单元回归测试方案(如需要)、软件单元回归测试记录(如需要)、软件单元测试问题报告(如需要)、软件单元测试报告;

(6) 软件单元集成与测试阶段是否完成了集成测试说明、软件集成测试记录、软件集成测试报告;

(7) 软件配置项测试阶段是否完成了软件配置项测试说明(含有关测试辅助程序和测试数据)、软件配置项测试记录、软件配置项测试问题报告、软件配置项测试报告、软件版本说明、软件产品规格说明、软件用户手册、软件程序员手册(如需要)、固件保障手册(如需要)、计算机系统操作员手册(如需要);

(8) 软件系统测试阶段是否完成了软件系统测试说明、软件系统测试记录、软件系统测试问题报告、软件系统测试报告;

(9) 软件验收与移交阶段是否完成了软件研制任务书中要求提交的产品。

2）规范性评价

各个阶段的每个工作产品是否符合软件开发计划规定的标准、规范或规程的要求。

3）一致性评价

每个工作产品自身的前后描述是否一致，上个阶段与本阶段文档之间是否协调、一致。

4）符合性评价

各个阶段的每个工作产品的内容描述是否准确、是否达到了相应的技术要求和管理要求，详细的技术要求可参见第 5 章。

5）是否完成了本阶段要求的评审，且评审问题是否归零。

6）测试执行情况评价

除了上述 1）～5）条的要求外，对有测试活动的开发过程，还应评价测试活动是否充分、客观、可追踪。

2. 项目策划过程评价要点

（1）项目负责人、项目质量保证组、配置管理员是否明确。

（2）参与项目策划的人员是否接受过有关知识技能的培训或曾经参与过软件项目策划工作。

（3）是否建立了 WBS，确定了技术解决途径、项目生存周期阶段、进行了规模和复杂度估计。

（4）工作量估计过程是否按照选定的方法进行了估计。

（5）项目估计的结果是否形成了项目估计报告。

（6）是否制订了进度计划表，描述了重大里程碑、关键路径。

（7）是否标识并分析了项目风险。

（8）是否策划了数据管理。

（9）是否策划了项目必要的知识与技能。

（10）是否描述了相关方参与计划。

（11）策划的相关信息是否写入了软件开发计划。

（12）软件开发计划是否进行了评审，是否按照评审意见对相关计划进行了调整。

（13）软件开发计划是否得到相关方的承诺。

（14）软件开发计划是否纳入配置管理。

3. 项目监控过程评价要点

（1）项目负责人是否在项目监控活动开始前制订项目监控计划（包含在软件开发计划中）。

（2）项目组成员是否按要求填写了日报。

（3）项目负责人是否在周例会前形成了项目周报。

（4）项目负责人是否定期召开例会，并在例会后编写例会记录。各问题处理责任人是否在例会后，形成问题跟踪表。

（5）对于项目负责人无法解决的问题，是否填写问题报告与处置表。

（6）是否按照里程碑事件驱动召开里程碑评审，并形成评审意见。

（7）是否对已经发现的问题及其纠正措施进行了跟踪，至其关闭。

（8）是否对风险进行跟踪并调整风险优先级。

（9）是否指派人员对问题纠正措施结果进行验证，并在问题跟踪表中签字确认。

（10）项目监控过程产生的工作产品是否根据计划纳入配置管理。

4. 需求管理过程评价要点

（1）在接收软件研制任务要求或软件更改要求时，这些分配需求是否已经被正式文档化。

（2）在接收软件研制任务要求或软件更改要求时，项目参与者是否进行了需求的内部评审，并在评审记录表上签字。

（3）在评审中发现的问题是否有问题报告与处置表，需求管理人员是否跟踪到问题关闭并签字确认。

（4）需求管理计划是否明确了需求管理的资源，包括人员和工具。

（5）在软件开发计划确定的各个阶段，需求管理人员是否进行了需求跟踪，并更新了需求跟踪矩阵和需求状态跟踪表，当发现需求不一致时是否填写问题报告与处置表来标识不一致性。

（6）需求更改发生后，需求管理人员是否填写需求更改申请/确认表，项目参与者是否对需求更改进行影响分析评估，是否进行评审并在"会签意见"签字，是否有最高管理者审批。

5. 测量与分析过程评价要点

（1）是否按测量分析计划中规定的采集时机采集了数据。

（2）测量数据是否按照计划的数据源获取。

（3）数据遗漏或不一致的数目是否低于 20%。

（4）测量数据是否可重复。

（5）测量数据单位是否符合与测量分析计划一致。

（6）项目语境是否与测量数据同时提供。

（7）是否按照要求存储数据。

（8）是否按测量分析计划中规定的分析时机进行了数据分析。

（9）对指示器超出阈值的情况是否采取了纠正措施。

（10）是否对测量分析计划进行了评审。

（11）是否及时将分析的结果与利益攸关方进行了交流。

（12）采集、存储、分析和交流结果是否按要求保存了记录。

（13）记录是否纳入了配置管理。

6. 配置管理过程评价要点

（1）配置管理人员是否接受过有关知识技能的培训。

（2）配置管理的硬件环境、软件环境是否能正常运行。

（3）受控库是否按软件配置管理计划中规定的时机进行了备份。

（4）开展配置管理是否使用了工具，配置管理工具是否能正常运行。

（5）是否编写了软件配置管理计划，并对其进行了评审。

（6）是否按照评审意见对计划进行了调整，修改了软件配置管理计划。

（7）软件配置管理计划是否得到相关方的承诺。

（8）软件配置管理计划是否纳入配置管理。

（9）软件配置管理计划基线划分是否跟软件开发计划符合一致。

（10）基线的变更是否受控，并符合更动控制规程。

（11）基线发布的内容是否与配置管理计划中基线生成计划中的内容一致。

（12）基线发布是否走正式流程，是否有基线发布表。

（13）是否生成配置管理状态报告。

（14）变更请求是否与最终修改的工作产品保持一致。

（15）根据配置审核检查单检查配置项是否正确和完整。

（16）库中配置项和基线内容是否与软件配置管理计划一致。

（17）根据配置审核报告单检查是否进行配置审计，所有配置审计发现的不一致都被记录。

（18）配置管理活动出入库控制是否符合要求。

（19）配置项更动是否符合更动控制规程。

（20）配置库管理是否符合配置管理规程。

（21）记录管理是否符合记录管理规程。

7. 供方协议管理过程评价要点

（1）各个利益相关方在协议实施之前是否理解全部要求并对正式协议作出了承诺。

（2）修改后的正式协议是否获得了各个利益相关方的承诺。

（3）是否对供方协议管理计划进行了评审。

（4）是否按供方协议管理计划进行供方协议管理。

（5）是否对所选择的供方工作产品进行了评价。

（6）是否按照供方协议的规定对供方进展和性能进行了监督。

（7）是否对供方过程进行了监督。

（8）是否对所选择的供方工作产品进行了验收评审。

8.7.2　工作产品评价要点

对工作产品的评价应根据工作产品的特点确定评价要点，另外，对文档类的工作产品还应评价：

（1）编制是否规范、内容是否完整、描述是否准确一致；

（2）引用文件是否完整准确，包括引用文档（文件）的文档号、标题、编写单位（或作者）和日期等；

（3）是否确切地给出所有在本文档中出现的专用术语和缩略语的定义。

1. 软件开发计划评价要点

（1）是否明确规定本软件项目将采用的软件开发模型，说明选取该软件开发模型的原因。

（2）是否明确定义软件开发项目各个组织及其项目成员、职责等。

（3）是否说明完成软件开发项目必需的硬件和软件资源，是否标识资源，是否说明资源获取方式。

（4）是否合理定义本项目的所有活动及其进度，并指明所有的重要事件。

（5）对每一个活动，是否描述活动的起始时间、结束时间、完成形式等。

（6）是否进行了风险分析，是否制定了风险缓解措施和应对措施。

（7）是否描述为保证项目的安全保密性要求而制定的措施。

（8）是否描述了利益相关方参与计划。

（9）是否进行了知识技能分析，如需培训是否制订了培训计划。

（10）是否明确该软件研制开发项目应遵循的标准或规范（如设计标准、编码标准等）。

（11）是否标识和描述每个准备组合到可交付软件中的非开发软件项。

（12）是否制订验证与确认计划。

2. 配置管理计划评价要点

（1）是否明确软件配置管理的组织与成员。

（2）是否为每个成员分配配置管理的职责与权限。

（3）是否明确软件配置管理所需的资源保障条件。

（4）是否明确定义软件项目的基线和基线工作产品。

（5）是否明确规定各个基线的到达时间。

（6）是否明确定义基线工作产品的标识。

（7）是否明确配置管理需遵循的入库规则、出库规则和更动控制流程。

（8）配置管理计划与其他计划是否协调一致。

3. 测量分析计划评价要点

（1）是否明确测量与分析的组织与成员。

（2）是否为每个成员分配测量与分析的职责与权限。

（3）是否明确测量与分析所需的资源保障条件。

（4）是否描述了参与测量分析的人员和人员的技术水平。

（5）是否明确了测量目标。

（6）是否规定了数据采集的时机。

（7）是否规定了数据的采集、存储与分析的规程。

（8）是否提出了测量与分析结果的安全保密要求。

（9）测量与分析计划与其他计划是否协调一致。

4. 供方协议管理计划评价要点

（1）是否明确供方协议管理所需的人员及职责。

（2）是否为供方协议管理人员分配供方协议管理所需的资源。

（3）是否明确需要供方遵循的关键过程域或活动。

（4）是否描述了供方协议管理的主要活动及利益相关方参与计划。

（5）是否明确了产品或产品部件的获取方式。

（6）供方协议管理计划与其他计划是否协调一致。

5. 软件系统设计说明评价要点

（1）文档是否总体概述了系统（或项目）的建设背景或改造背景，概述了系统的主要用途。

（2）是否描述了软件系统的功能需求。

（3）是否描述了软件系统的性能需求。

（4）是否描述了软件系统的外部接口需求。

（5）是否描述了软件系统的适应性需求。

（6）是否描述了软件系统的安全性需求。

（7）是否描述了软件系统的操作需求。

（8）是否描述了软件系统的可靠性需求。

（9）是否描述了软件系统的运行环境。

（10）是否描述了系统的生产和部署阶段所需要的支持环境。

（11）是否以配置项为单位（包括软件配置项或（和）硬件配置项）设计了软件系统体系结构或系统体系结构。

（12）是否用名称和项目唯一标识号标识每个 CSCI。

（13）是否描述了各个软件配置项分配了功能、性能。

（14）是否设计了各个软件配置项与其他配置项（包括软件配置项、硬件配置项、固件配置项）之间的接口。

（15）是否进行了软件系统危险分析，确定了软件配置项关键等级。

（16）是否分配了与每个 CSCI 相关的处理资源。

（17）追踪关系是否完整、清晰。

6. 软件需求规格说明评价要点

（1）是否总体概述了软件配置项应满足的功能需求和接口关系。

（2）是否描述了待开发软件实现的全部外部接口（包括接口的名称、标识、特性、通信协议、传递的信息、流量和时序等）。

（3）是否描述了待开发软件实现的功能，包括业务规则、处理流程、数学模型、容错处理要求、异常处理要求等专业应用领域的全部要求。

（4）是否描述了软件配置项的性能需求。

（5）是否明确提出软件的安全性、可靠性、易用性、可移植性、维护性需求等其他要求。

（6）是否用名称和项目唯一标识号标识每个内部接口，描述在该接口上将要传递的信息的摘要。

（7）是否用名称和项目唯一标识号标识软件配置项的数据元素，说明数据元素的测量单位、极限值/值域、精度、分辨率、来源/目的（对外部接口的数据元素，可引用详细描述该接口的接口需求规格说明或相关文档）。

（8）是否指明软件配置项的设计约束。

（9）是否说明在将开发完成了的软件配置项安装到目标系统上时，为使其适应现场独特的条件和（或）系统环境的改变而提出的各种需求。

（10）是否描述了运行环境要求，包括运行软件所需要的设备能力、软件运行所需要的软件支持环境。

（11）是否说明了用于审查软件配置项满足需求的方法，标识和描述专门用于合格性审查的工具、技术、过程、设施和验收限制等。

（12）是否说明了要交付的软件配置项介质的类型和特性。

（13）是否描述了软件配置项维护保障需求。

（14）是否描述了本文档中的工程需求与"软件系统设计说明"和（或）"软件研制任务书"的双向追踪关系。

7. 软件接口需求规格说明评价要点

（1）概述本文档所适用的系统，标识和描述各个接口在系统中的作用。

（2）是否提供了一个或多个接口示意图，描述和标识软件配置项、硬件配置项和本文档适用的各关键项之间的连接关系和接口。对每个接口应标识其名称和项目唯一标识号。

（3）是否详细说明了对接口的需求，应规定与各软件配置项的联接是并发执行还是顺序执行，说明接口使用的通信协议及接口的优先级别。

（4）对于采用并发机制的软件配置项，应规定内部使用的同步方法。

（5）清晰描述每个接口的数据要求，对每个通过接口的数据元素，应详细说明数据元素的项目唯一标识号、简要描述、来源/用户、度量单位、极限值/值域（若是常数，提供实际值）、精度或分辨率等。

8. 软件概要设计说明（结构化）评价要点

（1）是否概述了软件配置项在系统中的作用，描述了软件配置项和系统中其他配置项的相互关系。

（2）是否进行了软件体系结构的设计。

（3）是否对软件单元之间的接口进行了设计，用名称和项目唯一标识号标识每一个接口，并对与接口相关的数据元素、消息、优先级、通信协议等进行描述。

（4）是否为每个接口的数据元素建立数据元素表，说明数据元素的名称和唯一标识号、简要描述、来源/用户、测量单位、极限值/值域（若是常数，提供实际值）、精度或分辨率、计算或更新的频率或周期、数据元素执行的合法性检查、数据类型、数据表示/格式、数据元素的优先级等。

（5）是否规定每一个接口的优先级和通过该接口传递的每个消息的相对优先次序。

（6）是否描述接口通信协议。

（7）是否将软件需求规格说明中定义的功能、性能等全部都分配到具体的软件部件，必要时，还应说明安全性分析和设计并标识关键模块的等级。

（8）是否用名称和项目唯一标识号标识软件配置项中的全局数据结构和数据元素，建立数据元素表。

（9）是否用名称和项目唯一标识号标识被多个软件单元共享的软件配置项数据文件，描述数据文件的用途、文件的结构、文件的访问方法等。

（10）是否建立软件设计与软件需求的追踪表。

9. 软件概要设计说明（面向对象）评价要点

（1）是否概述了软件配置项在系统中的作用，描述了软件配置项和系统中其他配置项的相互关系。

（2）是否以包或类的方式在软件体系结构范围内进行了逻辑层次分解，将软件需求规格说明中定义的功能、性能等全部进行了分配，分解的粒度合理，相关说明清晰。

（3）是否采用逻辑分解的元素描述有体系结构意义的用况，使体系结构设计与用况需求之间有紧密的关联。

（4）是否描述了系统的动态特征，对进程/重要线程的功能、生命周期和进程间的同步与协作有明确的说明。

（5）是否对每个标识的接口都设计有相应的接口类/包，规定每一个接口的优先级和通过该接口传递的每个消息的相对优先次序。

（6）是否描述了接口和数据元素的来源/用户、测量单位、极限值/值域（若是常数，提供实际值）、精度或分辨率、计算或更新的频率或周期、数据元素执行的合法性检查、数据类型、数据表示/格式、数据元素的优先级等。

（7）是否进行了安全性分析和设计并标识关键模块的等级。

（8）是否为完成需求的功能增加必要的包/类，使得层次分解的结果是一个完整的设计。

（9）实现视图是否描述了软件配置项的实现组成，每个构件分配了合适的需求功能，构件的表现形式（exe,dll 或 ocx 等）合理。

（10）部署视图是否描述了软件配置项的安装运行情况，能够对未来的运行景象形成明确概念。

（11）是否建立了软件设计与软件需求的双向追踪关系。

（12）采用的 UML 图形或其他图形描述是否与文字描述一致。

10. 数据库设计说明评价要点

（1）是否进行数据库系统概念、逻辑、物理设计。

（2）是否进行了数据库的备份与恢复设计。

（3）是否依据安全保密性要求设计了数据存取控制策略。

（4）是否依据实时性要求设计了数据存取时间。

（5）是否设计了数据的群集安排。

（6）是否进行了数据在存储介质上的分配。

（7）是否进行了数据的压缩与分块。

（8）是否设计了缓冲区的大小，是否进行了管理。

（9）是否进行了数据库访问和操作的软件单元设计。

（10）是否正确提供了本文档所涉及的数据库或软件单元到系统或软件配置项需求的双向追踪。

11. 接口设计说明评价要点

（1）是否概述接口所在系统，标识和描述本文档适用的各个接口在该系统中的作用。

（2）是否采用接口示意图描述和标识各软件配置项、HWCI 和本文档适用的各关键项之间的连接关系和接口，对每个接口应标识其名称和项目唯一标识号。

（3）是否对每个接口进行了设计，包括接口的数据元素、消息、优先级别、通信协议及同步机制。

（4）是否对每个通过接口的数据元素建立了数据元素表，表中应为数据元素提供下列信息：数据元素的项目唯一标识号、简短描述、来源/用户、度量单位、极限值/值域（若是常数,提供实际值)、精度或分辨率、计算或更新频率/周期、数据类型、数据表示法和格式、优先级等,以及对数据元素执行的合法性检查。

(5)是否用名称和项目唯一标识号标识接口间的每个消息,描述数据元素对各个消息的功用,并提供每个消息与组成该消息的各数据元素间的交叉引用,而且还应提供每个数据元素与各数据元素间的交叉引用。

(6)是否规定了接口优先级和通过该接口传递的每个消息的相对优先次序。

(7)是否对每个接口描述了与该接口关联的商用、军用或专用的通信协议,对协议描述应包括:消息格式、错误控制和恢复过程、同步、流控制、数据传输机制、路由/编址和命名约定、发送服务、状态、标识、通知单和其他报告特征、安全保密等。

12. 软件详细设计说明(结构化)评价要点

(1)是否对每个软件单元规定了程序设计语言所对应的处理流程。

(2)是否对每个单元的入口、出口给予了设计。

(3)对于结构化设计,是否采用了数据流图、控制流图清晰描述软件单元之间的关系。

(4)是否说明本软件配置项需要用到的数据,包括配置数据设计、数据文件设计及数据库设计。

(5)是否准确描述软件详细设计与概要设计的双向追踪关系。

13. 软件详细设计说明(面向对象)评价要点

(1)是否将包最终分解到类,并用类图、时序图、活动图或文字等合适的方式进行描述。

(2)是否对相关类的组合采用类族方式命名或采用设计模式命名,说明类组合的功能、特征等。

(3)是否对每个类说明其类型、功能、在软件结构中的位置。

(4)是否准确说明类的纵向、横向关系。

(5)是否说明类的每一个属性,每个属性的名称、用途、类型、可访问性、值域、精度和合法性检查等,若是常数,应提供其实际值。

(6)是否说明类的每一个操作,包括名称、功能、输入、输出、处理过程及算法、异常处理机制等,并采用了适当的文字或图进行说明。

(7)是否对数据文件或数据库的包装类,说明了类的静态特性,描述了数据元素和类属性字段的对应关系。

(8)是否对于有状态变化的类,说明了类的动态特性,以及必要时可采用状态机或其他形式予以描述。

(9)是否说明本软件配置项需要用到的数据,包括配置数据设计、数据文件设计及数据库设计。

(10)是否准确描述软件详细设计与概要设计的双向追踪关系。

14. 软件测试计划评价要点

(1)测试组织是否独立,人员组成是否合理,分工是否明确。

(2)是否描述了测试环境及其测试环境的安装、验证和控制计划。

(3)是否描述了测试所需的资源。

(4)软件系统/软件配置项/软件单元的每个特性是否至少被一个正常测试用例和一个

被认可的异常测试用例所覆盖的要求。

（5）功能测试项是否覆盖了软件系统设计说明/软件需求规格说明定义的所有功能。

（6）性能测试项是否覆盖了软件系统设计说明/软件需求规格说明提出的所有性能指标。

（7）接口测试项是否覆盖了软件系统设计说明/软件需求规格说明定义的所有外部接口，包括软件配置项之间、软件系统和硬件之间的所有接口。

（8）对于每一个接口，是否提出正常输入和异常输入的测试要求。

（9）是否明确了每个测试项的测试要求、测试方法，是否详细说明了完成该测试项所需要的测试数据生成方法和注入方法、测试结果捕获方法及分析方法等。

（10）是否提出系统/配置项依赖运行环境的测试要求（测试软、硬件环境对系统性能的影响等）。

（11）是否清晰建立了测试项与测试依据之间的双向追踪关系。

（12）是否提出时限测试要求（测试程序在有时限要求时完成特定功能所需的时间）。

（13）是否提出处理容量的测试要求。

（14）是否提出负载能力的测试要求。

（15）是否提出运行占用资源情况的测试要求。

（16）是否提出边界测试要求。

（17）对于高安全关键等级的软件，是否提出安全性测试的要求。

（18）是否明确提出测试的终止条件。

（19）对单元测试来说，用高级语言编制的高安全关键等级软件是否提出修正的条件判定覆盖（MC/DC）覆盖要求；对于用高级语言编制的高安全关键等级嵌入式软件，是否提出测试目标码覆盖率要求；是否提出单元调用关系 100％的覆盖要求；是否对每个被测单元提出圈复杂度（McCabe 复杂性度量值）的度量要求；是否对每个软件单元的扇入、扇出数提出分析和统计要求；是否对软件单元源代码注释率（有效注释行与源代码总行的比率）提出分析检查要求；是否对软件可靠性、安全性设计准则和编程准则提出检查要求；是否对源代码与软件设计文档提出一致性的分析、检查要求；对于重要的执行路径，是否提出路径测试要求；是否提出单元调用关系 100％的覆盖要求；是否提出语句覆盖率要求（高安全关键等级软件应达到 100％的要求）；是否提出软件测试分支覆盖率要求（高安全关键等级软件应达到 100％的要求）。

15. 软件测试说明评价要点

（1）测试用例设计是否遵循对应的测试计划。

（2）是否给出了与测试活动有关的进度安排，包括测试准备、测试执行、测试结果整理与分析等。

（3）是否描述了测试所需硬件环境的准备过程。

（4）是否描述了测试所需软件环境的准备过程。

（5）是否逐项审查了测试所需的硬件环境和软件环境的就绪状况，如操作系统、测试工具、测试软件、测试数据等。

（6）测试用例设计是否覆盖软件测试计划中标识的每个测试项。

（7）每个测试项是否至少被一个正常测试用例和一个被认可的异常测试用例所覆盖。

（8）对每个测试用例,是否详细描述下列内容:测试用例名称和项目唯一标识、测试用例综述、测试用例追踪、测试用例初始化、测试活动、测试输入与操作、期望测试结果、测试结果评判标准、测试终止条件、前提和约束条件、测试用例设计方法等。

（9）测试用例描述是否清晰、规范、易理解。

（10）是否建立测试用例到测试项（条目）的双向追踪关系。

16. 软件测试报告评价要点

（1）是否对测试过程进行了描述。

（2）是否说明了被测软件的版本。

（3）是否说明了测试时间、测试人员、测试地点、测试环境等。

（4）是否说明了设计的测试用例数量和实际执行的测试用例数量、部分执行的数量、未执行的数量。

（5）对于每个执行的测试用例是否说明了执行结果（通过、未通过）。

（6）对于未执行和部分执行的测试用例是否说明了原因。

（7）执行过程中如果增加了新的测试用例,是否在测试报告中予以说明。

（8）是否统计了所有测试用例的测试结果,包括用例名称、执行状态、执行结果、出现问题的活动及问题标识等。

（9）是否对每个被测对象（被测软件）的质量分别进行了客观评估。

17. 软件测试记录评价要点

（1）每个测试用例的测试记录是否包括测试用例名称与标识、测试综述、用例初始化、测试时间、前提和约束、测试用例终止条件等基本信息。

（2）测试输入/操作、期望测试结果、评估测试结果的标准等是否与软件测试说明中的相关描述保持一致。

（3）是否记录了每个测试活动的实测结果。当有量值要求时,是否准确记录具体的实际测试量值,如果实际测试结果已经存储在文件中,是否记录了文件名。

（4）对于完整执行过的测试用例,是否明确给出了测试用例的执行结果（通过、未通过）。

（5）如果在测试中发现软件有问题,记录实测结果外,是否详细填写了软件问题报告单。

（6）对未执行或未完整执行的测试用例,是否逐个说明原因。

（7）测试人员是否签署了测试记录。

18. 软件问题报告评价要点

（1）是否详细说明了发现的每一个问题,并形成问题报告单。

（2）软件问题单对于软件问题的描述是否明确、清晰。

（3）是否合理划分了问题类别。

（4）是否合理定义了问题级别。

（5）是否清晰地建立了问题的追踪关系、相关的测试用例关系,即问题的来源。

19. 软件用户手册评价要点

（1）是否准确地描述了软件安装过程,完整列出安装的有关媒体情况及使用方法。

（2）是否准确地描述了软件的各功能及操作说明，包括初始化、用户输入、输出、终止等信息。

（3）是否准确地标识了软件的所有出错告警信息、每个出错告警信息的含义和出现该错误告警信息时应采取的恢复动作等。

20. 软件产品规格说明评价要点

（1）是否准确提供了产品所包含的所有设计文档。

（2）是否建立了源代码列表与计算机软件部件和单元的索引关系。

（3）是否规定了编译源代码的编译程序和链接程序。

（4）是否规定了在交付时产品所用的测量资源。

21. 软件研制总结报告评价要点

（1）是否对软件的功能需求和性能需求等进行描述。

（2）是否对软件的实现情况，如组成、设计及满足的性能指标等进行描述。

（3）是否对软件研制过程中的主要技术工作（如评审、发现问题情况等）进行描述。

（4）是否对软件研制过程中各个过程域的主要管理活动进行描述。

22. 代码评价要点

（1）软件单元是否对应于详细设计时所定义的处理，并有相同的控制逻辑结构。

（2）所有变量是否在其首次使用前已经完成初始化。

（3）注释是否解释了代码的目的，或总结了代码所要完成的工作。

（4）注释是否至少占全部编码的 20%。

（5）在软件代码中分配的内存使用结束后是否释放。

（6）代码的编写格式是否有助于代码的维护。

（7）代码的编写格式是否有助于代码的可读性。

（8）是否每行最多只包含一条语句。

8.8　本章小结

质量保证是对已实施的过程、工作产品和服务进行评价，是为了交付高质量的产品和服务。通过对照适用的过程说明、标准和规程进行评价，发现不符合项，并对不符合项的处理情况进行跟踪验证，直至不符合项得到关闭。在实施过程中，应编制质量保证报告，在报告中说明按照软件质量保证计划实施质量保证活动的情况及结果和质量趋势分析。质量保证评价的客观性，是项目成功的关键，因此应有独立向组织的适当层次管理者报告的渠道，使必要时不符合项可以逐级上报，还应对项目的质量保证活动进行客观评价。

软件质量度量

软件质量管理是贯穿整个软件生命周期的重要工作,是软件项目成功完成并顺利实施的可靠保证。软件质量度量是软件项目管理的重要工作,是软件项目度量的一个子集,侧重于产品、过程和项目管理的质量环节。对软件生命周期中的阶段产品实施严格度量,对软件质量水平进行阶段性评估,可以帮助及早诊断软件质量问题,提供良好的管理可见性。

软件质量度量提供了一种定量方法来度量产品内部属性的质量,通过软件质量度量可以预测软件中潜在的错误,能够在软件产品完成之前进行质量评估,因而减少了软件质量评估的主观性,并且根据度量结果还可以改进软件质量。软件质量度量的方法很多,包括定性方法、定量方法,以及二者相结合的方法。基本思想都是将软件质量按照"质量特性—子特性—影响子特性的因素"进行分层,从中寻找度量元,定量或定性地进行度量。

9.1 软件质量度量方法

IEEE Std 1061 软件质量度量方法学提供了系统地进行软件质量度量的途径,包括建立某个软件系统的质量需求、标识、实现、分析并确认该软件的质量度量过程。该方法学跨越整个软件生存周期,并包括下列 4 个步骤。

1)建立软件质量需求

质量需求表达了在具体应用的特定环境下对软件产品质量的定量要求,应该在软件开发前或初期进行定义,它是有效构造软件质量和客观评价质量的前提。质量需求规格说明可定量定义在所需质量特性的直接度量及其直接度量目标值。直接度量用来验证最终产品是否达到了质量需求。

2)准备度量

由软件质量特性和子特性描述的软件质量需求常常无法直接测量,需要进一步确定相关的度量元。在度量的准备阶段,应根据应用环境,为软件开发的各个阶段和其最终产品分别确定适当的度量元、建立度量元、质量子特性、质量特性的映射模型,确定合理的评估准则。

3)实现软件质量度量

数据收集过程规定从数据收集点到度量评价的数据流程,确定有关数据的收集条件,给出工具的使用说明及数据存放规程。在全面实施度量前,最好首先在小范围内试验数据收集和度量计算规程,分析其数据是否一致、度量要求是否确切,尤其要检查主观判断的数据说明和要求是否清晰;检查样板度量过程的费用,修改或完善费用分析;检查所收集到的数据的准确性、度量单位的合适性、所收集到的数据之间的一致性,确认数据样本的随机性、最小样本数、相似性等。

4）分析质量度量结果

分析并报告度量结果不仅要做出度量和评估的结论,还要进行度量元的确认,从而确定哪些度量元的确适用于当前软件质量度量活动并可以用来预测软件质量特性值,根据这些度量值和由此而计算得到的直接度量的预测值决定对被度量对象是否需要做进一步的度量和分析。

5）确认软件质量度量

把预测的度量结果与直接度量结果进行比较,以确定预测的度量是否准确地测定了它们的相关质量要素。

9.2 软件质量度量模型

软件质量度量模型是软件质量评价的基础,软件质量模型代表了人们对软件质量特性的认识程度和理解程度,也代表了软件质量评价研究的进展状况,因此,早期出现了许多不同的质量模型。

9.2.1 McCall 模型

1979 年,McCall 提出软件质量模型,把软件质量度量置于 11 个特性之上,而这 11 个特性分别面向软件产品的运行、修正和转移,如图 9-1 所示。

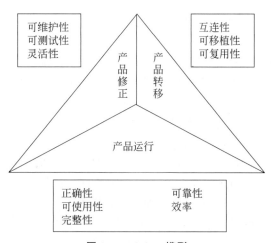

图 9-1 McCall 模型

（1）正确性:一个程序满足它的需求规约和实现用户任务目标的程度。

（2）可靠性:一个程序满足所需的精确度完成它的预期功能的程度。

（3）效率:一个程序完成其功能所需的计算资源和代码的度量。

（4）完整性:对未授权人员访问软件或数据的可控制程度。

（5）可使用性:学习、操作、准备输入和解释程序输出所需的工作量。

（6）可维护性:定位和修复程序中一个错误所需的工作量。

（7）灵活性:修改一个运行的程序所需的工作量。

（8）可测试性：测试一个程序以确保它完成所期望的功能所需的工作量。

（9）可移植性：把一个程序从一个硬件和（或）软件系统环境移植到另一个环境所需的工作量。

（10）可复用性：一个程序可以在另外一个应用程序中复用的程度。

（11）互连性：连接一个系统和另一个系统所需的工作量。

McCall 等又给出了一个三层次模型的质量度量框架。如图 9-2 所示。

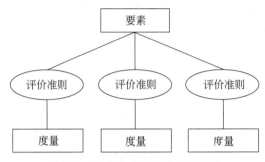

图 9-2　McCall 质量度量模型框架

McCall 等认为，要素是软件质量的反映，软件属性可用作评价的准则，定量化地度量软件属性可知软件质量的优劣。

McCall 定义的软件质量要素评价准则共 21 种，如下所示。

（1）可审查性（audit ability），检查软件需求、规格说明、标准、过程、指令、代码及合同是否一致的难易程序。

（2）准确性（accuracy），计算和控制的精度，是对无误差程序的一种定量估计；最好表示成相对误差的函数，值越大表示精度越高。

（3）通信通用性（communication commonality），使用标准接口、协议和频带的程序。

（4）完全性（completeness），所需功能完全实现的程度。在软件开发项目中一致的设计和文档技术的使用。

（5）简明性（conciseness），程序源代码的紧凑性。

（6）一致性（consistency），在软件开发项目中一致的设计和文档技术的使用。

（7）数据通用性（data commonality），在程序中使用标准的数据结构和类型。

（8）容错性（error-tolerance），系统在各种异常条件下提供继续操作的能力。

（9）执行效率（execution Efficiency），程序运行效率。

（10）可扩充性（expandability），能够对结构设计、软件质量度量数据设计和过程设计进行扩充的程度。

（11）通用性（generality），程序部件潜在的应用范围的广泛性。

（12）硬件独立性（hardware independence），软件同支持运行的硬件系统不相关的程序。

（13）检测性（instrumentation），监视程序的运行，一旦发生错误时，标识错误的程序。

（14）模块化（modularity），程序部件的功能独立性。

（15）可操作性（operability），操作一个软件的难易程度。

（16）安全性（security），控制或保护程序和数据不受破坏的机制，以防止程序和数据受到意外的或蓄意的存取、使用、修改、毁坏或泄密。

（17）自文档化（self-documentation），源代码提供有意义文档的程度。

（18）简单性（simplicity），理解程序的难易程度。

（19）软件系统独立性（software system independence），设计语言特征、操作系统特征及其他环境约束无关的程度。

（20）可追踪性（traceability），从一个设计表示或实际程序构件中学到需求的能力。

（21）易培训性（training），软件支持新用户使用该系统的能力。

9.2.2 Boehm 模型

Boehm 模型着手于软件总体的功效，也就是说，对于一个软件系统而言，除了有用性外，它的开发过程必定是一个时间、金钱和能量的消耗过程。考虑到系统交付时使用它的用户类型，Boehm 模型从几个维来考虑软件的效用。总功效可以被分解成可移植性、可使用性、可维护性。其中，可使用性可以细分为可靠性、效率、运行工程；可维护性可以细分为可测试性、可理解性、可修改性。例如，从 Boehm 的模型可知，可维护性能从可测试性、可理解性及可修改性来度量，即高可维护性意味着高可测试性，高理解性和高可修改性。

具体模型如图 9-3 所示。

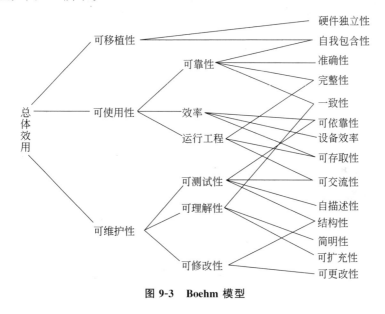

图 9-3 Boehm 模型

9.2.3 FURPS 模型

Hewlett-Packard 提出了一套考虑软件质量的因素，简称 FURPS——功能性（functionality），可用性（usability），可靠性（reliability），性能（performance）和支持度（supportability）。质量因素是从早期工作中的得出的，5 个主要因素中的每一个都定义了如下评估方式。

（1）功能性：通过评价特征集和程序的能力、交付的函数的通用性和整体系统的安全性来评估。

（2）可用性：通过考虑人的因素、整体美学、一致性和文档来评估。

（3）可靠性：通过度量错误的频率和严重程度、输出结果的准确度、平均失效间隔时间、从失效恢复的能力、程序的可预测性等来评估。

（4）性能：通过处理速度、响应时间、资源消耗、吞吐量和效率来评估。

（5）支持度：包括扩展程序的能力（可扩展性）、可适应性和服务性（这 3 个属性代表了一个更一般的概念——可维护性）、可测试性、兼容度、可配置性（组织和控制软件配置的元素的能力）、一个系统可以被安装的容易程度、问题可以被局部化的容易程度。

FURPS 质量因素和上述描述的属性可以用来为软件过程中的每个活动建立质量度量。

9.2.4 ISO/IEC 9126 软件质量模型

1985 年，国际标准化组织（ISO）建议，软件质量度量模型由三层组成。在 ISO 1985 中，高层称为软件质量需求评价准则（SQRC），中层称为软件质量设计评价准则（SQDC），低层称为软件质量度量评价准则（SQMC）。分别对应 McCall 等的质量要素、评价准则和度量。ISO 认为应对高层和中层建立国际标准，在国际范围内推广应用软件质量管理（SQM）技术，而低层可由各使用单位自行制定。ISO 高层由 8 个质量要素组成，中层由 23 个评价准则组成。

ISO/IEC 9126 中，将高层要素减少到 6 个，更名为软件质量特性，中层 23 个评价准则减少到 21 个，更名为软件质量子特性。这些质量特性与子特性的关系如表 9-1 所示。

表 9-1　ISO 9126 模型中的质量特性与子特性

质 量 特 性	质 量 子 特 性
功能性（functionality）	实用性，准确性，互操作性，一致性，安全性
可靠性（reliability）	健壮性，容错性，可恢复性
可使用性（usability）	可理解性，可学习性，可操作性
效率（efficiency）	时间性能，资源性能
可维护性（maintainability）	可分析性，可修改性，稳定性，可测试性
可移植性（portability）	适应性，可安装性，可替换性

ISO/IEC 9126 认为：软件质量特性可以精确到多层子特性。可以为每一质量特性定义一组子特性，这些子特性是软件产品或软件和过程的独立特性；然后对每一质量子特性定义一组度量，利用这些度量对质量子特性进行定量测量，进而达到一个新的水平定量度量软件质量的目的。因此，软件质量度量模型是一个树形结构，将软件质量划分为质量特性、质量子特性、度量三层次。如图 9-4 所示。

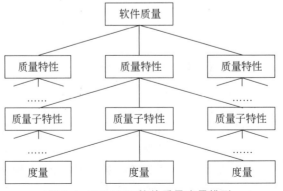

图 9-4　ISO 9126 软件质量度量模型

9.3　现行软件质量度量标准

9.3.1　ISO/IEC 25000 系列国际标准

9.2 节所提及的各种软件质量模型,在一定程度上指导了软件全生命周期过程的活动,但由于模型众多,也引起了一些行业的混乱。为了尽可能统一软件质量评判标准,国际标准化组织 ISO/IEC JTC1/SC7/WG6 开展了软件质量度量和评价的标准化工作,中国专家与世界各国专家一起制定了 ISO/IEC 25000“SQuaRE 系列”国际标准,包含软件质量模型,软件质量度量和评价等标准编制,系列国际标准的总目标是形成一套组织上有逻辑性、强化性和统一性,内容上覆盖两个主要过程,软件质量要求规范和有软件指标测量所支撑的软件质量评价,帮助那些利用质量需求的规格说明和评价来开发和获取软件产品的用户。

软件技术的发展使软件产品的种类和功能层出不穷,用户意识到软件质量的要求应考虑管理、测量和评价等不同层面,而不仅仅是这几个标准的内容,应该建立一个成体系的多个标准来规定软件质量的各个方面,因此国际标准化组织在 ISO/IEC 9126 系列标准、ISO/IEC 14598 系列标准、ISO/IEC14756：1999 和 ISO/IEC 12119 的基础上,研究制定了范围更广、内容更全面的 ISO/IEC 25000 系列标准《软件与系统工程 软件产品质量要求和评价(SQuaRE)》。为此,ISO/IEC 9126 升级为系列标准组中的 ISO/IEC 25010:2011,其中的质量属性发生了较大的变化,由 ISO/IEC 9126 的六大特性变为八大特性。

ISO/IEC 25000 系列国际标准由质量管理、质量模型、质量测量、质量需求、质量评价共5 个分部和扩展分部来共同构成。其组织结构如图 9-5 所示。

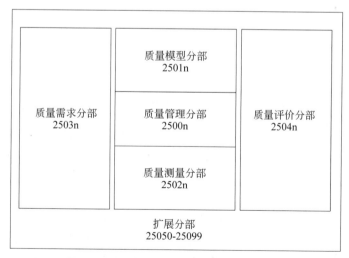

图 9-5　ISO/IEC 25000 系列国际标准结构

ISO/IEC 25000 系列国际标准由下列 6 个分部组成。

(1) ISO/IEC 2500n——质量管理分部。构成这个分部的标准定义了由 ISO/IEC 25000 系列标准中的所有其他标准引用的全部公共模型、术语和定义。这一分部还提供了用于负责管理系统和软件产品质量需求定义和评价的支持功能要求与建议。

（2）ISO/IEC 2501n——质量模型分部。构成这个分部的标准给出了计算机系统和软件产品质量、使用质量和数据的详细质量模型。同时还提供了这些质量模型的使用指南。

（3）ISO/IEC 2502n——质量测量分部。构成这个分部的标准包括系统和软件产品质量测量参考模型、质量测度的数学定义及其应用的使用指南，给出了软件内部质量、系统和软件外部质量和使用质量测度的示例，定义并给出了构成后续测量基础的质量测度元素。

（4）ISO/IEC 2503n——质量需求分部。构成这个分部的标准有助于规定质量需求。这些质量需求可用在要开发的软件产品的质量需求导出过程中或用作评价过程的输入。

（5）ISO/IEC 2504n——质量评价分部。构成这个分部的标准给出了无论由评价方、需方还是由开发方执行的系统和软件产品评价的要求、建议和指南。还给出了作为评价模块的质量测量文档编制支持。

（6）ISO/IEC 25050-25099——扩展分部。构成这个分部的标准包括了就绪可用软件产品（RUSP）的质量要求和易用性测试报告行业通用格式（CIF）。

ISO/IEC 25000 系列国际标准与 ISO/IEC 9126 及 ISO/IEC 14598 的主要差异如下。

（1）引入新的通用参考模型。

（2）对每个分部引入专门的、详细的指南。

（3）引入系统产品质量。

（4）引入数据质量模型。

（5）在质量测量分部中引入质量测度元素。

（6）引入质量需求分部。

（7）合并并修订评价过程。

（8）以示例形式引入实践指南。

（9）协调并融合 ISO/IEC 15939 的内容。

9.3.2 GB/T 25000 系列国家标准

9.3.2.1 GB/T 25000 系列国家标准的构成

对应 SQuaRE 系列标准，我国也陆续开展了 GB/T 25000 系列国家标准的制定和修订工作，在不同的阶段不同程度地采取了国际标准，在系统和软件质量测量过程的支持下，为系统与软件质量需求的定义和评价提供指导和建议。

GB/T 25000 系列国家标准的构成情况如下。

（1）GB/T 25000.1——SQuaRE 指南：该部分主要给出了 GB/T 25000 整体标准的组织架构、术语和定义、GB/T 25000 标准公共模型和系统与软件产品质量生存周期模型。

（2）GB/T 25000.2——计划与管理：该部分主要给出了负责管理系统与软件产品需求规格和评价的支持功能的要求和指南。

（3）GB/T 25000.10——系统与软件质量模型：该部分描述了系统与软件产品质量及使用质量的模型，并给出软件产品质量和使用质量的特性和子特性。

（4）GB/T 25000.12——数据质量模型：该部分针对计算机系统中以结构化格式所保

存的数据,定义了一个通用的数据质量模型。该部分中定义的数据质量模型可用于建立数据质量需求、定义数据质量度量,或规划和执行数据质量评价。

(5) GB/T 25000.20——质量测量框架:该部分给出了质量测度元素、软件内部质量与软件外部质量和使用质量的测度的公共参考模型,并进行了介绍性解释。该部分为用户选择、开发和应用国家标准中的测度提供了指南。

(6) GB/T 25000.21——质量测度元素:该部分给出一组推荐的基本测度和派生测度的定义和规格,期望在整个系统与软件开发生存周期内都能应用这些测度。该部分所描述的测度可被用作软件内部质量、系统与软件外部质量及系统与软件使用质量测量的输入。

(7) GB/T 25000.22——使用质量测量:该部分描述一组用于测量使用质量的测度,并提供了系统和软件使用质量测量的使用指南。

(8) GB/T 25000.23——系统与软件产品质量测量:该部分定义了质量测度以便依据第 10 部分中定义的特性和子特性定量地测量系统与软件产品质量,并旨在与第 10 部分一起使用。

(9) GB/T 25000.24——数据质量测量:该部分定义质量测度以便依据第 12 部分中定义的特性定量地测量数据质量。

(10) GB/T 25000.30——质量需求框架:该部分给出了规定质量需求过程的要求和指南,并给出了质量需求的要求和建议。

(11) GB/T25000.40——评价过程:该部分包含了评价系统与软件产品质量的要求和建议,并阐明了通用概念。该部分提供了一个用于评价系统与软件产品质量的过程描述,并规定应用这个过程的要求。

(12) GB/T 25000.41——开发方、需方和独立评价方的评价指南:该部分给出了对开发方、需方和独立评价方的具体要求和建议。

(13) GB/T 25000.45——易恢复性的评价模块:该部分提供了用以评价质量模型中可靠特性下定义的易恢复性子特性的规格。它确定了当信息系统包含的一个或多个软件产品的执行事务受到干扰时,系统与软件在容错性和自主恢复指数方面的外部质量测度。

(14) GB/T 25000.51——就绪可用软件产品(RUSP)的质量要求和测试细则:该部分建立了 RUSP 软件产品的质量要求与 RUSP 测试中的测试文档需求,包括测试计划、测试描述和测试结果。该部分对 RUSP 软件产品符合性评价提供指导。

(15) GB/T 25000.62——易用性测试报告行业通用格式(CIF):该部分介绍易用性相关信息的总体框架,它描述了行业通用格式(CIF)的一个潜在标准,记录了交互式系统的易用性规格与评价。该部分总体概述了 CIF 框架、内容、定义及框架要素之间的关系。

GB/T 25000 标准的质量模型由三部分组成,即系统与软件产品质量模型、使用质量模型和数据质量模型。细节分别在 GB/T 25000.10《系统与软件工程 系统与软件产品质量要求和评价(SQuaRE)第 10 部分:系统与软件质量模型》和 GB/T 25000.12《系统与软件工程 系统与软件产品质量要求和评价(SQuaRE)第 12 部分:数据质量模型》中说明。这些标准文件中详细地定义了系统与软件产品,以及数据的每个质量特性与子特性。

9.3.2.2 GB/T 25000.10 软件产品质量模型的变化情况

GB/T 25000.10 给出了系统与软件产品质量及使用质量的模型。该标准中产品质量模型的历史变迁情况如图 9-6 所示。

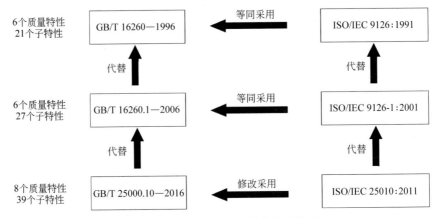

图 9-6　GB/T 25000.10 版本变迁情况

GB/T 25000.10 中的软件产品质量模型如图 9-7 所示。

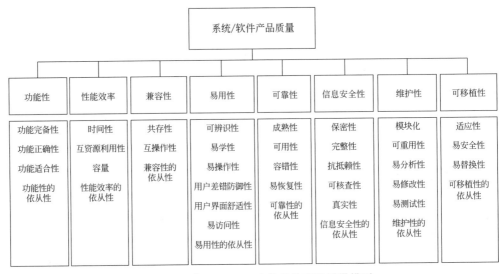

图 9-7　GB/T 25000.10 中的软件产品质量模型

9.4　软件质量度量实例

本章给出了对某交换机软件进行质量度量的一个实例。

如表 9-2 所示，根据选择的质量模型，以及模型中的质量特性、子特性和度量元，对某交换机软件实施质量度量。

表 9-2 左侧列为质量特性、子特性和度量元的选择及其对应的计算评估方式，右侧灰色首行对应列，为当前软件的实际评估值及按照对应的加权评估计算得到的最终软件质量评估值。

表 9-2　对某交换机软件进行质量度量的一个实例

特性	特性权重值	子特性	子特性权重值	度量元	度量元素权重值	评估公式	统计项	统计值	度量元评估值计算	子特性评估值	特性评估值	软件评估值
功能性	0.125	功能完备性	0.4	功能覆盖率	1	$X=1-A/B$	A——缺少的功能数量	0	1	1	0.964	0.878
							B——指定的全部功能数量	33				
		功能正确性	0.4	功能正确性	1	$X=1-A/B$	A——功能不正确的数量	2	0.939	0.939		
							B——软件提供的全部功能数量	33				
		功能适合性	0.2	使用目标的功能适合性	1	$X=1-A/B$	A——为实现交换机改造所需功能中缺少或实现不正确的功能数量	2	0.939	0.939		
							B——为实现交换机改造所需的全部功能数量	33				
性能效率	0.125	时间特性	0.35	响应时间充分性	1	$X=1-A/B$（如果 $A>B$，则 $X=0$）	A——测试得出的平均响应时间	45.39	0.748	0.748	0.842	
							B——规定的任务响应时间	180				
		资源利用性	0.35	内存平均占用率	1	$X=1-A/B$	A——执行监控流程处理器所需的内存	102.1	0.801	0.801		
							B——可用内存	512				
		容量	0.3	事务处理容量占用率	1	$X=A/B$（如果 $A>B$，则 $X=1$）	A——单位时间内能够完成监控流程主循环的次数	1000	1	1		
							B——单位时间内预期完成监控流程主循环的次数	1000				
兼容性	0.05	共存性	0.5	与其他产品的共存性	1	$X=A/B$	A——与 ATM 交换机改造软件可共存的其他软件产品数量	3	1	1	0.943	
							B——ATM 交换机改造软件需要与其他软件产品共存的数量	3				

续表

特性	特性权重值	子特性	子特性权重值	度量元	度量元素权重值	评估公式	统计项	统计值	度量元评估值计算	子特性评估值	特性评估值	软件评估值
兼容性	0.05	互操作性	0.5	数据格式可交换性	0.4	$X=A/B$	A——与其他软件可交换数据格式的数量	5	0.714		0.943	0.878
							B——需要交换的数据格式数量	7				
				数据交换协议充分性	0.3	$X=A/B$	A——实际支持数据交换格式的数量	5	1	0.886		
							B——规定支持的数据交换协议数量	5				
				外部接口充分性	0.3	$X=A/B$	A——有效的外部接口数量	7	1			
							B——规定的外部接口数量	7				
易用性	0.2	可辨识度	0.2	描述的完整性	1	$X=A/B$	A——描述的使用场景数量	3	1	1	0.793	
							B——软件的使用场景数量	3				
		易学性	0.2	用户指导完整性	0.6	$X=A/B$	A——按要求描述的软件功能数量	30	0.909			
							B——要求实现的功能总数量	33				
				差错信息的易理解性	0.4	$X=A/B$	A——给出差错发生原因及可能解决方法的差错信息数量	12	0.75	0.664		
							B——差错信息数量	16				
		易操作性	0.2	操作一致性	0.4	$X=1-A/B$	A——不一致的特定交互式任务数量	1	0.8			
							B——需要一致的交互式任务数量	5				
				消息的明确性	0.4	$X=A/B$	A——传达给用户正确结果或指令的消息数量	4	0.571	0.748		
							B——实现的消息数量	7				

续表

特性	特性权重值	子特性	子特性权重值	度量元	度量元素权重值	评估公式	统 计 项	统计值	度量元评估值计算	子特性评估值	特性评估值	软件评估值
易用性	0.2	易操作性	0.2	撤销操作能力	0.2	$X=A/B$	A—提供撤销操作或重新确认的任务数量	5		0.748	0.793	0.878
							B—能够撤销操作或重新确认的任务数量	5	1			
				抵御误操作	0.4	$X=A/B$	A—实际操作中可以防止导致系统故障的用户操作和输入数量	3				
							B—可以防止导致系统故障的用户操作和输入数量	3	1			
		用户差错防御性	0.2	用户输入差错纠正率	0.3	$X=A/B$	A—系统提供建议的修改值输入差错数量	11	0.688	0.719		
							B—检测到的输入差错数量	16				
				用户差错易恢复性	0.3	$X=A/B$	A—由系统恢复的用户差错数量	6	0.375			
							B—操作过程中可能发生的用户差错数量	16				
		用户界面舒适性	0.1	用户界面观舒适性	1	$X=A/B$	A—令人愉悦的显示界面数量	10	0.667	0.667		
							B—显示界面数量	15				
		易访问性	0.1	特殊群体的易访问性	1	$X=A/B$	A—特殊群体用户（基层操作员）成功使用的功能数量	30	1	1		
							B—需要特殊群体用户实现的功能数量	30				
可靠性	0.125	成熟性	0.3	故障修复率	0.3	$X=A/B$	A—设计/编码/内部测试阶段修复的与可靠性相关的故障数	8	1	0.924	0.941	

续表

特性	特性权重值	子特性	子特性权重值	度量元	度量元素权重值	评估公式	统计项	统计值	度量元评估值计算	子特性评估值	特性评估值	软件评估值
可靠性	0.125	成熟性	0.3	故障修复率	0.3	X=A/B	B——设计/编码/内部测试阶段检测到的与可靠性相关的故障数	8	1	0.924	0.941	0.878
				平均失效间隔时间充分性	0.3	X=1−A/B（如果 A＞B，则 X=0）	A——在软件运行过程中平均失效间隔时间	45.39	0.748			
							B——要求的失效间隔时间	180				
				测试覆盖率	0.4	X=A/B	A——实际所执行的系统或软件功能数量	33	1			
							B——预期包含的软件功能数量	33				
		可用性	0.2	系统可用性	1	X=A/B	A——实际提供的系统运行时间	72	1	1		
							B——规定的系统运行时间	72				
		容错性	0.3	避免失效率	0.6	X=A/B	A——避免发生关键和严重失效的次数（测试用例数）	46	0.939	0.963		
							B——测试中执行的可能导致失效的测试用例数	49				
				组件的冗余度	0.4	X=A/B	A——冗余安装的系统组件数量	2	1			
							B——系统组件数量	2				
		易恢复性	0.2	平均恢复时间充分性	0.5	X=1−A/B（如果 A＞B，则 X=0）	A——在软件运行过程中从失效中的平均恢复时间	45.39	0.748	0.874		
							B——要求的恢复时间	180				
				数据备份完整性	0.5	X=A/B	A——实际定期备份数据项的数量	7	1			
							B——需要备份的数据项数量	7				

续表

特性	特性权重值	子特性	子特性权重值	度量元	度量元素重值	评估公式	统　计　项	统计值	度量元评估值计算	子特性评估值	特性评估值	软件评估值
信息安全性	0.2	完整性	0.2	缓冲区溢出防止率	1	$X=A/B$	A—内存访问中，经过边界值检查的访问数量	102.1	0.801	0.801	0.801	
							B—内存访问数量	512				
		模块化	0.3	组件间的耦合度	0.5	$X=A/B$	A—所实现的对其他组件没有产生影响的组件数量	9	1	1		
							B—需要独立的组件数量	9				
				圈复杂度的充分性	0.5	$X=1-A/B$	A—圈复杂度的得分超过规定阈值的软件模块数量	0	1	1		
							B—软件模块数量	35				
		可重用性	0.3	编码规则符合性	1	$X=A/B$	A—符合所要求编码规则的模块数量	33	0.943	0.943		
							B—软件模块数量	35				
维护性	0.125	易分析性	0.15	诊断功能有效性	1	$X=A/B$	A—对原因分析有效的诊断功能数量	1	1	1	0.983	0.878
							B—已实现的诊断功能数量	1				
		易修改性	0.15	修改的正确性	0.5	$X=1-A/B$	A—修改之后导致失效发生的修改数量	0	1	1		
							B—实施的修改数量	19				
				修改的能力	0.5	$X=A/B$	A—在指定时间内实际做出修改的项目数	19	1			
							B—在指定时间内要求修改的项目数目	19				

续表

特性	特性权重值	子特性	子特性权重值	度量元	度量元素权重值	评估公式	统 计 项	统计值	度量元评估值计算	子特性评估值	特性评估值	软件评估值
维护性	0.125	易测试性	0.1	测试功能的完整性	1	$X=A/B$	A——按照规定已实现的测试功能数量	1	1	1	0.983	0.878
							B——需要的测试功能数量	1				
		适应性	0.6	硬件环境适应性	0.5	$X=1-A/B$	A——测试期间未完成结果没有达到要求的功能数量	2	0.846	0.873		
							B——不同硬件环境中需要测试的功能数量	13				
				系统软件环境的适应性	0.5	$X=1-A/B$	A——测试期间未完成结果没有达到要求的功能数量	3	0.9			
							B——不同软件环境中需要测试的功能数量	30				
可移植性	0.05	易替换性	0.4	功能的包容性	0.5	$X=A/B$	A——结果与被替换软件产品相似的产品功能数量	8	1	1.000	0.924	
							B——被替换软件产品中需要使用的功能数量	8				
				数据复用/导入能力	0.5	$X=A/B$	A——能像被替换软件产品一样继续使用的数据数量	8	1			
							B——被替换软件产品中需要继续使用的数据数量	8				

9.5　本章小结

　　要提高软件质量,首先就要测量出当前软件的质量状况,因此,软件质量度量是软件质量管理的基础和关键。本章介绍了软件质量的度量方法、质量模型和现行的软件质量度量标准,并以一个软件质量度量实例介绍了质量度量在实际软件项目中的应用。

第 10 章

测量与分析

10.1 测量与分析概述

在软件开发中,测量的根本目的是满足管理的需要。"如果你不知道目前所处的位置,即便手中有一张地图也不知道何去何从""有了测量,才能更好地管理"。质量大师戴明也说过"In God we trust,all others bring data",即"我们相信上帝,但其他人都要用数据说话"。对于管理人员来说,没有对软件过程的可见度就无法管理;而没有对见到的事物有适当的量化,也就难于用适当的准则去判断、评估和决策,也无法进行优秀的管理。

软件测量(software measurement)是按照一定的尺度用测量项给软件实体属性赋值的过程(ISO/IEC14598-1)。它强调对软件实体属性进行量化的过程性,简单说就是对软件开发项目、过程及其产品进行数据定义、收集及分析的持续性过程。

软件测量用于理解、预测、评估、控制和改进软件过程。

(1)理解——获得对过程、产品、资源等的理解;是评估、预测和改进活动的基础;定量的理解才是对事物本质的了解,才能做到真正"心中有数"。

(2)预测——通过建立预测模型,可以对项目进行估算和计划;历史数据能够帮助我们预测和计划。

(3)评估——产品的质量、过程改进的效果等需要数据的比较来得出,对趋势的分析可以使我们找到问题出在哪里。

(4)改进——根据得到的量化信息,确定潜在的改进机会;测量本身不会改进过程,但它为我们提供了对计划、控制、管理和改进的可视性。

ISO/IEC 15939 提供的测量过程模型如图 10-1 所示。

CMMI 二级主要是对项目管理的要求,重点考察策划测量分析、执行测量分析和报告测量分析结果等核心活动,测量分析贯穿整个软件项目生存周期。测量分析过程的流程如图 10-2 所示。

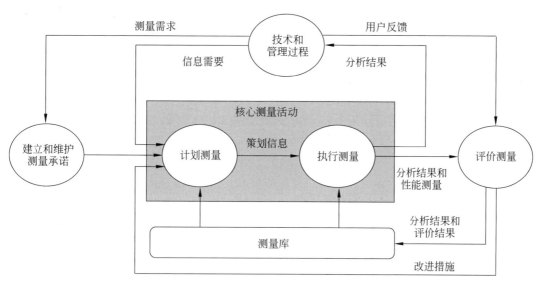

图 10-1　ISO/IEC 15939 提供的测量过程模型

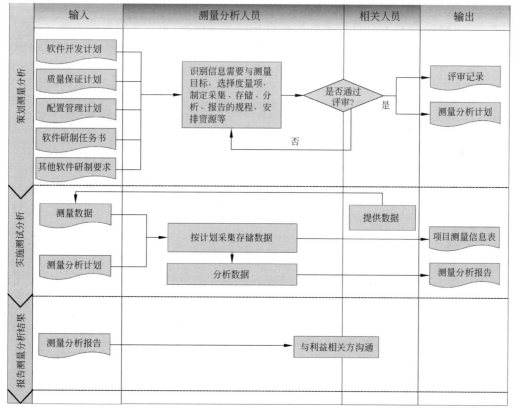

图 10-2　测量分析活动流程

10.2 测量与分析实践

10.2.1 制订测量与分析计划

制订和维护测量分析的计划是 CMMI 共用实践 2.2 的要求,也是实际开展测量分析活动的前提。

制订测量与分析计划的前提条件是软件开发计划、质量保证计划、配置管理计划等策划中存在对项目、产品、过程等进行监视和控制的要求。所需要的输入包括软件开发计划、质量保证计划、配置管理计划、软件研制的其他要求等。

【活动 1】测量分析人员根据项目开发计划、组织需求、项目特点等,识别和标识本项目的信息需要,定义测量目标并排列优先次序。可从后面推荐的测量项中进行选取,一般优先级为高的组织需求信息必须选择;优先级为中的项目需求信息通常应该选择,当项目周期小于 1 个月或估计产品规模小于 1000 行代码时,测试执行情况、监控实施情况可以剪裁;优先级为低的其他信息根据关注程度决定是否选择;推荐的测量项无法满足项目需求时,可增加新的信息需要和对应测量目标;

【活动 2】测量分析人员根据项目测量目标定义测量项;至少要说明基本测量、派生测量、采集存储规程、分析规程、决策准则等,要满足可沟通、可重复的要求;对 10.3 节推荐的测量项,根据项目特点(如熟悉程度、周期长短等)可适当调整测量时机和决策准则中的决策阈值。

【活动 3】测量分析人员为测量分析活动安排资源,包括人员、工具、设备等。

【活动 4】测量分析人员编制项目测量分析计划文档,测量分析计划文档模板如下。

测量分析计划

1　范围

1.1　标识

(1)已批准的文档标识号:文档标识号;

(2)标题:××××·测量与分析计划;

(3)本文档适用的范围:"××××"项目的测量分析活动。

1.2　系统概述

简要说明本计划适用的系统和系统的信息需要。

1.3　文档概述

概述本文档的用途和内容。

例如:

本文档是"××××"项目的测量与分析计划,主要目的是根据项目的信息需求定义度量项,详细说明各度量项的采集、存储、分析和结果交流的规程,并对人员、资源和进度做出安排。

1.4　与其他计划的关系

概述本计划与其他计划的关系。

例如:

本文档依据《×××·项目开发计划》制定,与项目监控计划、质量保证计划和配置管理计划协调执行。

2　引用文件

按文档号、标题、编写单位(或作者)和出版日期等,列出本文档引用的所有文件。

3　术语和定义

给出所有在本文档中出现的专用术语和缩略语的确切定义。

4　组织与资源

4.1　组织机构

描述参与测量分析活动的组织机构,包括每个组织的权限和责任,以及该组织与其他组织的关系。例如:

组织职责分配见表1。

表 1　组织职责分配表

序号	组织名称	职责
1	高层管理者,如 EPG 等	确定高层目标,审核《测量分析计划》,使用测量结果做出组织级决策
2	项目负责人	(1) 制订测量分析计划; (2) 按计划执行测量分析活动; (3) 使用测量结果做出项目级决策; (4) 报告测量分析结果
3	质量保证组	提供度量所需要的数据
4	配置管理组	
5	软件开发组	
6	软件测试组	

4.2　人员

描述用于测量分析的人员和角色,以及承担的职责。

4.3　资源

描述测量分析活动需要的所有软件(测量分析工具等)、硬件(存储硬件、服务器等)资源。

(1) 软件资源;

(2) 硬件资源。

5　度量目标

说明进行数据采集的度量目标。

6　进度

说明本项目策划的所有测量分析活动及其相关的时间安排。

7　度量项

分节详细说明各个度量项的要求。

7.1　×××(度量项名称)

……

7.n　×××(度量项名称)

……

8　安全保密要求

指明在软件测量分析过程中,对测量和分析结果的安全保密性和可靠性所采取的措施。

【活动5】项目负责人组织相关人员评审测量分析计划,必要时加以更新,评审人员一般包括项目负责人、项目质量保证组、软件测试组、软件工程组、项目配置管理组,以及需要提供和使用数据的其他相关人员;当包含新增测量项时应请 EPG 成员参与评审。

制订测量与分析计划完成的标志是测量分析计划通过评审,输出的工作产品为测量分析计划和评审意见。

10.2.2　数据采集与分析

实施测量分析就是按照计划采集测量基本数据,然后计算、汇总,了解和分析项目的各种属性是否符合预期的过程,一般是周期进行的。

实施测量分析的前提条件是测量分析计划通过评审,计划中任一测量项的测量时机到达。其输入为测量分析计划和实际采集的测量数据。

【活动 1】测量分析人员依据《测量分析计划》,在采集时机到达时,按照测量项的采集规程从相应数据源采集客观的测量数据,对数据进行检查,如发生遗漏要及时补充采集;如数据越界、异常要分析原因,采取相应措施,重新采集或剔除等,最后将采集的原始数据录入项目测量信息记录表。

【活动 2】软件工程组、测试组、质量保证组和项目配置管理组等人员应按基本测量要求,提供真实、客观、有效的测量数据。

【活动 3】测量分析人员将采集到的测量数据转换成相应指示器的值,如散点图、趋势图、条形图等,分析判断项目所处的状态,形成易理解的分析意见。

【活动 4】项目负责人评价该分析结果是否有助于决策,采集分析的成本与提供的效益是否匹配,认为该分析无益或成本过高时,可组织相关人员评审,更新采集分析规程或测量项和测量目标等。

【活动 5】测量分析人员每次执行数据分析后,将该次分析使用的项目测量信息表作为项目记录纳入配置管理,如对上次已存储数据进行了变更需要说明原因(如项目开发计划改变了估计值等)。

【活动 6】对所有采集数据和分析结果的检索使用,须经项目负责人批准。

完成本时刻测量计划规定的所有活动,测量结果录入项目测量信息表并纳入配置管理。

10.2.3　测量分析结果的交流

测量分析的结果应及时报告给项目管理人员,以便发现问题和采取措施。实际过程中,测量分析的结果是项目监督与控制过程的重要输入。

报告测量分析结果的前提条件是按测量分析计划规定的分析时机到达并实施了分析。其输入为测量分析计划和依据测量采集数据进行分析的结果。

【活动 1】项目过程中,可在项目例会时,测量分析人员将阶段测量分析的结果与利益相关方沟通,当测量值超出计划阈值时,按要求分析偏差情况及采取纠正措施。

【活动 2】项目里程碑到达时,测量分析人员将该阶段的测量分析结果统计汇总,提交项目跟踪与监控人员使用,并负责对统计分析的结果进行解释。

【活动 3】在项目结束时,测量分析人员对项目过程中收集到的所有测量数据进行统计汇总,并评估测量数据对测量目标和信息需要的支持程度,信息需要对项目绩效和组织过程改进的支持程度,测量项实施的难度等,提出测量分析意见建议,形成测量分析报告提交

EPG,帮助维护组织信息需要和测量目标。

测量分析报告完成的标志是项目相关人员已了解项目测量分析情况,项目跟踪与监控人员根据分析结果采取了相应的措施,输出为测量分析结果通报的记录,如例会内容记录等。

10.3　测量项的选择

选取具体的测量项是制订测量分析计划的重要工作。可供测量的软件属性有很多,根据测量目标侧重点的不同,常按项目、过程、产品三类进行区分,如表 10-1 所示。

表 10-1　测量项分类

类别	侧　重　点	常用测量项
项目测量	理解和控制当前项目的情况和状态;具有战术性意义,针对具体的项目进行	规模、工作量、进度、风险、客户满意度等
过程测量	理解和控制软件过程的当前情况和状态,还包含对过程的改善和未来过程的能力预测;具有战略性意义,在整个组织范围内进行	过程活动的有效性、生产率等
产品测量	理解和控制当前产品的质量状况,用于对产品质量进行预测、评估和控制	产品缺陷数、测试问题数等

测量项并不是越多越好,过多的数据可能会模糊真正想要了解的东西,要根据组织和项目的测量目标,分析具体需要哪些信息来支撑,并综合考虑测量的成本来选取测量项。

举例:GQM(goal-question-metric)方法。

GQM 方法就是以产品的商业目标为导向,通过一系列的步骤转化为可执行的测量指标。因此,这是一种自顶向下的目标驱动的方法。主要步骤如下:

(1) 确定测量的目标;

(2) 提出能够满足目标的问题;

(3) 确定回答问题所需要的测量项。

示例如下所示。

(1) 目标为:掌握项目是否按计划实施?

(2) 实现目标需要回答:

问题 1,项目进度是否发生了偏差?

问题 2,项目工作量是否发生了偏差?

(3) 回答上述问题需要测量:

问题 1,里程碑实际到达时间。

问题 2,任务包完成的数量,各种任务的实际工作量等。

选定了测量项后,就要对测量项的具体采集和分析的规程进行描述,本书推荐的测量项是参考实用软件度量(practical software measurement,PSM,美国实用软件和系统度量支持中心提出)的度量信息模型,模型结构如图 10-3 所示,按从信息需要逐层分解到测量实体的基本属性的方法,以表格形式来描述测量项。

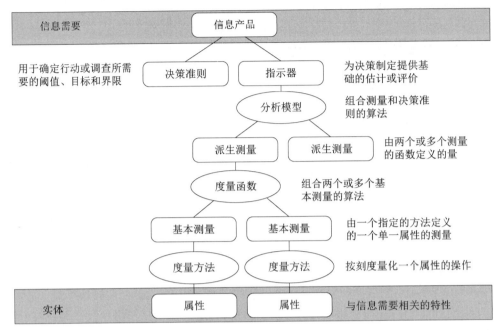

图 10-3 测量项构造模型

工作量测量项的描述示例如表 10-2 所示。

表 10-2 工作量测量

测量目标描述	
信息需要	掌握项目各项任务的工作量情况,为单位提供资产数据
测量目标	提高工作量估计的准确性,使同类项目的任务工作量估计偏差小于 20%
信息分类	资源与成本
优先级	高
基本测量描述	
相关实体	个人周报、项目周报等
属性	任务的工作量
基本测量	(1) 任务的估计工作量; (2) 任务的实际工作量
测量方法	(1) 从配置管理库中提取当前使用版本的项目开发计划,从项目估计结果表获取测量期内已完成任务的估计工作量。 (2) 从本次测量周期内产生的项目周报、个人周报中统计测量期内已完成任务的实际工作量
单位	人·时
派生测量描述	
派生测量	工作量估计偏差
测量函数	工作量估计偏差＝(实际工作量－估计工作量)/估计工作量

续表

指示器	
指示器	(1) 各个任务工作量的估计偏差； (2) 各阶段工作量的估计偏差； (3) 各类型工作量的估计偏差
分析模型	比较任务工作量估计与实际差异,当实际工作量大于估计值时,测量结果大于 0,反之小于 0,实际工作量等于估计值时,测量结果等于 0
决策准则	估计偏差超出±30％时应分析原因
数据采集、存储和分析	
采集责任人	项目负责人
采集时机	按项目工作阶段,一般为周或双周
采集要求	测量数据按照项目测量信息表模板格式记录,项目测量信息表按项目记录纳入配置管理,每次数据有更新时形成新记录
验证与确认	项目负责人对采集数据进行检查,确认所记录的工作量与任务是否对应一致
分析责任人	项目负责人
分析时机	每次项目阶段工作例会前,分析该阶段完成任务的工作量偏差情况;项目里程碑时,分析各阶段、各类型的总工作量偏差
结果交流	项目中测量分析的结果以会议形式通报给利益相关方,项目结束后的测量分析报告要上报责任单位领导
备注	

10.4　本章小结

　　本章首先说明了测量分析的作用和测量分析的基本过程;然后分节说明了测量分析策划、测量分析实施和报告测量分析结果的一般程序与要求,最后介绍了分析和选取测量项的基本方法,给出了常见测量项的定义和描述模型,软件研制单位可以此为参考,计划和实施自己的测量分析活动。

软件质量持续改进

11.1 软件质量持续改进概述

11.1.1 确定过程改进需求

过程是将人、方法、工具和流程等信息有机集成以达到期望结果的方法。软件产品的过程质量对软件能力和生产率有着重大影响。软件过程的研究就是要通过显示化、标准化和工程化的管理方法,使软件在生产过程中摒弃手工作业方式,实现大规模生产。目前,软件过程技术的研究主要是软件过程建模语言、软件过程支持和软件过程改进。其中软件过程改进由于涉及领域广泛而备受关注。

软件过程是软件生命周期内各阶段技术、实践、方法和产物的集合。行之有效的软件过程可以提高组织的生产效率和产品质量,同时降低成本并减少风险。软件过程有 3 个基本要素,即人、流程、技术与工具。著名的"质量三角形"很形象地说明了这一点。"质量三角形"把人、流程和技术工具放在不同的顶端,很形象地指出了过程改进的 3 个不同的要素,流程靠人去执行,技术靠流程去固化,人靠技术去提升,三者缺一不可,互为支撑。

中国软件企业多是零散、作坊式的,这种基于人的软件开发方式对项目、企业都是一个近乎不可知、不可控的巨大风险。项目经验不能共享、失败过程不能借鉴,这种方式下的软件管理,对企业没有可持续的帮助。反之,如果一个企业能建立一个可控制的软件开发管理过程,项目执行就不再是一个"黑箱子",企业就能透明地看到项目的执行过程,看到过程的缺陷,看到过程的问题,企业就能循环改善软件生产,这样周而复始,不断完善和成熟。

国际上普遍认为软件产业的发展一般要经历 3 个不同的阶段。第 1 阶段是 20 世纪 70 年代中期至 90 年代中期的软件结构化生产阶段,该阶段以结构化分析与设计、结构化评审及结构化测试为主要特征;20 世纪 80 年代中期开始是软件发展的以过程为中心的第 2 阶段,这个阶段以个体软件过程 PSP(personal software process)、群组软件过程 TSP(team software process)、过程成熟度模型 CMM/CMMI 为标志,过程的优化和控制是这个阶段的重要特征;第 3 阶段是以软件过程、面向对象和构件重用三项技术为基础的软件工业化生产,现在一些软件业发达的企业和国家已经逐步进入了这个阶段。我国软件行业还处在软件结构化生产阶段,刚刚开始向以过程为中心的第 2 阶段过渡。如何缩短这一摸索时间,尽快掌握软件过程管理的核心并走出自己的实践之路,是中国软件企业面临的重大课题。

持续改进源于事物之间的差异而引起的变异。过程受到变异的影响,会导致结果输出的偏离。软件过程受到技术、环境、人员、时空等多重因素的影响,发生偏离是很正常的,当然过程的提升不可能一朝一夕就获得成功,过程改进是在经过一系列微小并不断发展的、不是革命性创新的量变积累下逐步实现的,这正是持续改进的核心所在。软件过程改进的核心理念是目标对象应当遵照一个循序渐进和有序的过程进行,目标的期望结果是有序过程的自然产出。

软件过程改进期望达到 3 个目标。

(1) 提高软件项目管理的效率。通过有效地运用项目所拥有的各种资源,以达到提高整体生产率的目的。

(2) 提高软件项目的可预见性。通过以往项目经验和数据的分析,尽可能准确地估计软件开发的时间和成本,并有效降低环境、范围及目标变动带来的影响。

(3) 提高软件产品的最终质量,从而达到更高的准确度和可靠产品性能。

"持续改进"的核心的思想是"没有最好,只有更好"。"持续改进"是为改进质量而不断进行的 PDCA 循环。P 指策划,即根据用户要求和项目的需要,建立提供结果所必要的目标过程;D 指做,即软件质量的实施过程;C 指检查,即如何根据企业的方针、项目的目标和产品的要求,对过程和产品进行监视和测量,并报告结果;A 指处置,即采取如何措施,来保证持续的改进。

软件企业在过程改进中,要时常对系统进行分析,一丝不苟地收集数据并加以研究;一丝不苟地测试偏差,使每位公司员工都把持续改进作为其工作的一部分,然后要把变革的要点强化实施,严格遵守;通过一段时间的执行,新的过程固化为工作过程的一个自然组成部分后,就要及时总结经验并准备下一个持续的改进循环。

11.1.2　计划和执行过程改进

11.1.2.1　软件过程模型

软件过程是指实施于软件开发和维护中的阶段、方法、技术、实践及相关产物(计划、文档、模型、代码、测试用例和手册等)的集合。行之有效的软件过程可以提高软件开发组织的生产效率、提高软件质量、降低成本并减少风险。

经典软件工程理论所阐述的软件过程,特别是瀑布模型,由于其较强的理想化环境条件假设,所以在实际软件开发项目中采用,往往会与实际情况产生较大脱节,使实施效果大打折扣。当前业界,既有完整理论,又有具备较强可操作性的软件过程,其中以统一开发过程(rational unified process,RUP)和敏捷软件方法(agile model)最为瞩目。

1) 统一开发过程

统一软件开发过程是经过 30 年的发展和实际运用后推出的产品。像一个产品那样,它的发展历程从"对象工厂过程"开始,经过"rational 对象工厂过程",直到"rational 统一过程"。RUP 可以用二维坐标来描述。横轴通过时间组织,是过程展开的生命周期特征,体现开发过程的动态结构,用来描述它的术语主要包括周期(cycle)、阶段(phase)、迭代(iteration)和里程碑(milestone);纵轴以内容来组织是自然的逻辑活动,体现开发过程的静态结构,用来描述它的术语主要包括活动(activity)、制品(artifact)、工作者(worker)和工作流(workflow)等。RUP 的软件生命周期在时间上则可以被分解为 4 个顺序的阶段,分别是初始阶段(inception)、细化阶段(elaboration)、构造阶段(construction)和交付阶段(transition)。每个阶段结束于一个主要的里程碑;每个阶段本质上是两个里程碑之间的时间跨度。在每个阶段的结尾执行一次评估以确定这个阶段的目标是否已经满足。如果评估结果达到预期标准的话,可以允许项目进入下一个阶段。

RUP 中配备 9 个核心工作流,其中的 6 个为核心过程工作流(core process workflows),3 个为核心支持工作流(core supporting workflows)。尽管 6 个核心过程工作流可能使人想起传统瀑布模型中的几个阶段,但应注意迭代过程中的阶段是完全不同的,这些工作流在整个生命周期中是一次又一次被访问的。9 个核心工作流在项目中轮流被使用,并且在每一次迭代中以不同的重点和强度重复进行。其中测试工作流要验证对象间的交互作用,验证软件中所有组件的正确集成,检验所有的需求已被正确地实现,识别并确认缺陷在软件部署之前被提出并解决。RUP 提出了迭代的方法,意味着在整个项目中都要进行测试,从而尽可能早地发现缺陷,从根本上降低了修改缺陷的成本。

RUP 作为一种重载方法,非常适合复杂、需求多变、开发难度大的项目,但其过程控制灵活度也比较弱。相对于此,软件业界也一直存在着另一种声音,即"轻载"(light weight)方法,其目标是以较小的代价获得与重量级方法相当的效果。但是 RUP 所提出的一些主要概念(包括工作者、制品、迭代等)是非常具有参考意义的。

2)敏捷软件方法(agile model)

变化和不确定,对于软件业来说,是熟悉又让人烦恼的名词。软件工程自诞生以来,一直试图通过技术和管理的手段来降低软件项目的不确定性。在这个美好的愿望指导下,人们发明了结构化,发明了面向对象,发明了 CMM,这些新的技术和方法的确有助于"软件危机"的解决,促进了软件业的发展;然而超支、超时、低质量的老问题并未得到根本解决。为了对抗不确定,软件开发越来越复杂,越来越庞大,传统的"重载"方法的副作用也越来越明显。

敏捷软件过程便是近年来兴起的一种轻载的开发方法模型,敏捷方法强调适应性而非预测性,强调以人为主而非以流程为中心,强调对变化的适应和对人性的关注。其特点是:轻载、基于时间、Just Enough、并行、基于构件的软件过程。

在所有的敏捷方法中,XP (extreme programming)方法是最引人注目的一种轻载模型。XP 是 extreme programming 的缩写,从字面上可以译为极限编程。但是,XP 并不仅仅是一种编程方法。实际上,XP 是一种审慎的(deliberate)、有纪律的(disciplined)软件生产方法。XP 植根于 20 世纪 80 年代后期的 Smalltalk 社区,后来逐步形成了一种强调适应和以人为导向的软件开发方法。

XP 是以开发符合客户业务变更频繁的软件为目标而产生的一种方法,它的成功得益于它特别强调客户的满意度,XP 使开发者能够更有效地响应客户的需求变化。XP 方法将开发阶段的 4 个活动(分析、设计、编码和测试)混合在一起,在全过程中采用迭代增量开发、反馈修正、反复测试,把软件生命周期划分为用户故事、体系结构、发布计划、交互、接受测试和小型发布 6 个阶段。XP 开发模型与传统模型相比最大的不同之处就在于其核心思想为交流(communication)、简单(simplicity)、反馈(feedback)和进取(aggressiveness)。XP 开发小组不仅包括开发人员,还包括管理人员和客户;强调小组内成员要经常进行交流;在尽量保证质量可以运行的前提下,力求过程和代码的简单化;来自客户、开发人员和最终用户的具体反馈意见可以提供更多的机会来调整设计,保证把握正确的开发方向;进取则包含于以上 3 个原则。下面是 XP 所包含的核心理念。

简单设计。XP 团队力求将构建软件系统的设计简单化。一切从简开始,并且在整个程序员测试和设计改进过程中,都保持着简单的设计原则。一个 XP 团队保持着设计总是刚好适合系统当前的功能要求。在 XP 中设计并不是一次性完成的事情,也不是一件从上到下的事情,它是自始至终的事情。在发布计划和迭代计划中都有设计的步骤,在快速设计过程中集合了团队的能力并且在整个项目过程中改进设计。在类似于极端编程这样的递增和迭代过程中,良好的设计是本质。这也是在整个开发过程中必须更多地关注设计的原因。

结对编程。XP 所有的产品软件都是由两个程序员一起,在同一台机器上共同完成的。这保证了在实践中所有的产品代码都至少有一个其他的程序员对其进行了审视,而结果是更好的设计,更好的测试和更好的代码。除了提供更好的代码和测试之外,结对也提供了知识在团队中间传递交流。程序员们在互相学习中提高技术,他们对团队或公司来讲变得更有价值。

XP 单元测试。单元测试是其方法模型中的重要基石,但与传统的单元测试略有不同,主要有以下特征:①任何人如果发现了一个 bug,都应该立即为这个 bug 增加一个测试,而不是等待编写该程序的人来完成;②要创建或下载一些单元测试工具以便能够自动生成测试数据和测试驱动脚本;③测试系统中所有的类;④单元测试应与其所测试的代码一起发布;⑤没有单元测试的代码不能发布;⑥若发现没有进行单元测试,则立即开始进行。

敏捷方法汲取众多轻量级方法的"精华",更加强调对变化的适应和对人性的关注。除了上面介绍的 XP 以外,其他知名的敏捷流程包括 Crystal、ASD(adaptive software development)、FDD(feature driven development)等。

3)基于 CMM/CMMI 的软件过程

CMMI 的全称为 capability maturity model integration,即能力成熟度模型集成。CMMI 是 CMM 模型的最新版本,是一种过程框架。早期的 CMMI(CMMI-SE/SW/IPPD) 1.02 版本是应用于软件业项目的管理方法,SEI(software engineering institute at carnegie mellon university)在部分国家和地区开始推广和试用。其随着应用的推广与模型本身的发展,成为一种被广泛应用的综合性模型。

自从 1994 年 SEI 正式发布软件 CMM 以来,相继又开发出了系统工程、软件采购、人力资源管理,及集成产品和过程开发方面的多个能力成熟度模型。虽然这些模型在许多组织都得到了良好的应用,但对于一些大型软件企业来说,可能会出现需要同时采用多种模型来改进自己多方面过程能力的情况。这时他们就会发现存在一些问题,其中主要问题体现在:

(1)不能集中其不同过程改进的能力以取得更大成绩;

(2)要进行一些重复的培训、评估和改进活动,因而增加了许多成本;

(3)遇到的不同模型中有一些对相同事物说法不一致,或活动不协调,甚至相抵触。

于是,整合不同 CMM 模型的需求产生了。1997 年,美国联邦航空管理局(Federal Aviation Administration,EAA)开发了 EAA-iCMMSM(联邦航空管理局的集成 CMM),该模型集成了适用于系统工程的 SE-CMM、软件获取的 SA-CMM 和软件的 SW-CMM 这 3 个模型中的所有原则、概念和实践。该模型被认为是第一个集成化的模型。

CMMI 与 CMM 最大的不同点在于：CMMISM-SE/SW/IPPD/SS 1.1 版本有 4 个集成成分，即系统工程(system engineering,SE)和软件工程(software engineering,SW)是基本的科目，对有些组织还可以应用集成产品和过程开发方面(integrated product and process development,IPPD)的内容，如果涉及供应商外包管理可相应地应用供应商管理(supplier sourcing,SS)部分。

CMMI 有两种表示方法，一种是和软件 CMM 相同的阶段式表示方法，另一种是连续式的表示方法。这两种表现方法的区别是：阶段式表现方法仍然把 CMMI 中的若干个过程区域分成了 5 个成熟度级别，帮助实施 CMMI 的组织建立一条比较容易实现的过程改进发展道路。而连续式表现方法则将 CMMI 中过程区域分为四大类：过程管理、项目管理、工程及支持。对于每个大类中的过程区域，又进一步分为基本的和高级的。这样，在按照连续式表示方法实施 CMMI 的时候，一个组织可以把项目管理或者其他某类的实践一直做到最好，而其他方面的过程区域可以完全不必考虑。

CMMI 的目标，第一个是质量，第二个是时间表，第三个就是要用最低的成本。不过特别强调的是，CMMI 不是传统的、仅局限于软件开发的生命周期，它应该被运用于更广泛的范畴——工程设计的生命周期。TSP 的建立，也是为了支持 CMMI 的这样一个系统。可以说，CMMI 并不是一个过程，也不是告诉人们怎么去做一件事情。它是各个进程的一个关键的元素，在很多领域里面一个集成的点。CMMI 提供一个基本架构，能够用来度量有效性和实用性；能够找出持续改进的机会，包括在商业目标、策略和降低项目的风险等方面。

如前所述，CMMI 是一种框架，软件组织在采用 CMMI 作为过程能力改进的规范的前提下，根据开发项目的不同特点选用 RUP 或 XP 等过程模型。

11.1.2.2　软件质量改进技术

软件质量改进，首先必须要根据组织制订的质量目标和质量体系发现目前在软件开发过程中的问题。软件质量改进技术的目的就是根据软件组织的质量体系找出软件生产过程中隐含的过程、工作产品中的质量问题，从而确定改进措施，常用的技术方法有产品评审、过程审计、软件测试等。

1) 产品评审

产品评审是一组人员检查软件工程(或其他工程)项目产品的一种活动，目的是要找出产品中存在的缺陷并评估质量。评审可用于软件开发生存期的各个阶段，业界常用的软件评审方法有 7 种，包括审查、小组评审、走查、结队编程、同级桌查、轮查、临时评审。

审查是一种正式的评审方法，规定软件开发过程中产生的工件(文档、程序等)由作者之外的个人或小组审核，旨在发现缺陷、揭示违反既定标准的问题。审查较其他评审方法，在过程上有更严格的要求，因此，发现缺陷和问题的效果更好。但需要更多的资源投入，因此主要用于软件生命周期中一些重要的阶段产品，如需求、设计及其他一些需要审查的阶段产品的评审。小组评审是一种"轻型审查"，同样以召开会议的方式进行，但小组评审中读者的角色被忽略了，取而代之的是由评审组长询问其他评审者工作的某一部分是否有问题，除此之外，产品作者也可以作为评审组长。由于没有审查那么正式，小组评审可以节省出一些会议时间用于讨论问题解决的思路，并使评审者对技术方法达成共识。走查是一种非正式的评审方法，通常用于源代码或设计构件的评审。在这种方法中，产品作者起主导作用，由他将产品向评审小组介绍,在获得评审意见的同时,使评审小组理解模块的目的、结构和实现。参与走查的评审角色通常没有特别定义,走查常由产品作者发起,目的是发现缺陷的同时,统一相关涉众的认识并期望达成共识。结对编程(pair programming)常用于敏捷开发过程。在结对编程过程中,两个开发者在一个工作站上同时操作同一个程序,其优点在于每个人的观点都在接受持续的、非正式的实时评审,一旦发现缺陷,可以迅速给予纠正,有利于快速地迭代开发模型,但需投入的人力资源也相对较多。结对编程技术除了能应用于编码过程外,还能应用于开发其他可交付的产品。在同级桌查(又名伙伴检查或结对评审)中,除作者外只有一个人对工作产品进行检查。作者可能根本就不知道评审者究竟是怎样完成任务的,也不知道评审完成的程度。同级桌查完全依靠评审者本身的知识、技能和自律,因此不同的人的评审结果可能大相径庭。如果评审者使用了缺陷检查表、专门的分析方法,以及为小组评审度量采集用的标准表格,那么同级桌查将是相当正式的。在评审完成时,评审者把错误表交给作者,或者两人一起坐下来共同准备错误表,评审者也可以简单地将做过标记的工作产品交给作者。轮查是一种由多人组成的并行同级桌查。与只需一个人投入不同,轮查时作者将产品副本发给几位评审员并收集整理他们的回馈。轮查有助于缓和同级桌查过程中存在的两个主要风险:评审者不能及时提供反馈,以及评审效果太糟。至少有一部分评审员可能按时回馈,而且能提出有价值的意见。但是,轮查仍然缺乏小组讨论所能带给大家的精神激励。轮查方法允许每个评审员查看别人的意见,从而减少冗余,发现理解的不一致。这种文档评审方法适合于由于地理位置或时间限制而无法进行面对面会议的情况。一位程序员请另一位程序员花费几分钟帮忙寻找一个缺陷的情况就是临时评审,这种评审方法在软件小组合作中十分自然,它们能支持快速获取别人意见,别人常常能发现一些我们自身不能发现的错误。临时评审是评审中最不正式的一种,除了解决当前问题外很少有其他作用。

2)过程审计

过程审计是检查项目是否严格按照该项目已定义的软件开发过程进行开发的活动,过程审计的依据是既定的软件开发过程,如在 CMMI3 级企业中,该依据就是组织标准软件过程按照裁剪指南进行裁剪后符合项目特点的软件开发过程。过程审计的目的是为了保证项目中的所有过程活动都在受控范围内,尽早发现并解决项目过程中存在的问题,减少其对后续活动的影响。过程审计可以分为阶段性审计、周期性审计和事件驱动审计 3 种类型。过程审计应由专门的审计小组执行,每次审计前应制订审计实施计划,并由审计小组编制检查表。审计结束后,应形成审计报告提交至管理者,审计报告中应包含针对发现问题的改进建议。

阶段性审计一般针对某个特定的项目开展,通常在里程碑建立时进行。阶段性审计的目的是客观地检查该阶段的工作产品和活动是否满足过程、标准和需求。项目过程各阶段都应进行审计,一般包括如下阶段:项目策划阶段、需求阶段、设计阶段、编码阶段、测试阶段、产品发布阶段。当软件组织同时开展多个项目时,对所有的项目都展开阶段性审计可能要耗费大量的资源和成本,因此组织可以将阶段性审计应用于较为重大的项目,而使用其他审计方法来对组织中所有的项目进行全面的审计。周期性审计是按照一定周期开展的审计活动。软件组织应制订一定周期的过程审计计划,原则上要求审计的频度应保证相对均匀,通常为每月一次,并应符合全覆盖原则,即在一个周期内对组织当前所有项目至少进行一次审计。由于周期性审计的对象可能是多个项目,因此审计实施计划中需设定该次审计所关注的项目和过程区域。事件驱动审计是由事件驱动的审计活动。根据组织中项目的情况,如基线发生变更、重大风险发生或所有项目过程普遍发生某项不合格时,选择触发时机临时进行有针对性的过程审核。

3)软件测试

软件测试是一种验证活动,在此活动中,软件系统或部件在特定的条件下执行测试用例,观察或记录其结果,对执行的结果进行评价,以验证其准确性或发现存在的缺陷。软件测试的级别有:单元测试、集成测试、确认测试、系统测试、验收测试等。

评审、审计和测试是软件持续改进和质量保证的主要技术,每种技术各有侧重,评审关注的是各阶段工作产品的质量,审计关注的是软件过程的质量,测试关注的则是源代码和可执行代码的质量,但三种技术的目标是一致的,都是发现缺陷和问题,因此它们是软件质量保证主要的、基本的手段。

11.2 建立组织标准过程实践

由于软件产品的特殊性,其产品不同于一般的产品,软件质量管理也和一般产品的质量管理有所区别。软件的质量管理与一般产品质量相比,具有共同点也存在不同点。软件质量管理的不同点是由软件开发的主观性、灵活性和多变性等特点所决定的。软件质量管理应该贯穿软件开发的全过程,而不仅仅是软件产品本身。软件质量不仅仅是一些测试数据、统计数据、客户满意度调查回函等,衡量一个软件质量的好坏,应该首先考虑完成该软件生产的整个过程是否达到了一定质量要求。在软件开发实践中,软件质量控制可以依靠流程管理,严格按软件工程执行,来保证软件质量。

11.2.1 确定原则与目标

质量改进原则主要有 3 个方面。

首先是"全面性"原则。充分结合自身的实际情况,引进和整合各种先进的管理方法和理念。在质量改进中把所有工作部门、岗位和工作内容都结合起来,将"质量"的基本涵义从产品的质量延伸到广义的"大质量"理念中,全面促进产品质量、服务质量、工作质量、管理质量和管理体系质量的全面有效发展。

其次是"统一性"原则。坚持"统一组织领导、统一方法步骤、统一培训体系、统一文件体系"的工作准则,全面开展质量改进方案的实施,提高工作执行力,提高工作效率,降低方案实施成本。

最后是"实效性"原则。注重实效,实现制度化、规范化及标准化,大幅提升管理水平。在质量管理改进的整个过程中,落实并解决各个部门发展进度失调、步调不一致的状况。逐步完善相关的改进体系结构,真正保证体系符合行业改革与发展的具体要求。吸收与借鉴公司在传统管理体系中的丰富经验,把这些经验列入公司管理体系的重要组成内容,逐步完善当前的质量关系体系,使之规范化、标准化、流程化,构建具有自身特色、符合公司发展需要的基础管理平台。

定义质量管理改进方案实施的负责团队,质量目标的负责人由经理担任,负责团队包括各个部门的负责人。团队共同制定质量改进目标,质量目标要符合标准。目标确定后,由各部门领导签字,并汇报公司质量管理改进领导小组。质量目标的负责人负责提高质量计划与目标的有效性,主要从两点做起。首先,制订目标的计划时要慎重严谨,最大限度地保证目标的质量和可行性,做到不盲目制定高目标,实事求是。其次,有了良好的目标不实施就相当于没有,在保证实施的过程中首先应该定义专门的负责人,并确定例会,与相关人员定期检查目标的实施情况。如果发现目标中有不切实际或无法满足当前要求的,负责人要组织相关人员开会,及时修订目标,并通报所有相关人员。若实际工作与目标有差距,则要首先找到问题根源,并针对问题制定加速措施,确定相关负责人和问题解决的时间进度计划。下次例会上对问题的解决情况进行展示汇报。通过良好的质量管理改进措施可以避免不按计划办事的问题。

11.2.2　配置质量管理体系资源

配置人力资源。进行能力、意识等方面的培训,确定从事影响产品质量工作的人员所必要的能力,提供培训或采取其他措施以满足这些需求,评价所采取措施的有效性,确保员工认识到所从事活动的相关性和重要性,以及如何为实现质量目标做出贡献,保持教育、培训、技能和经验的适当记录,确定胜任工作需要的上岗证。

配置基础设施资源。确定、提供并维护为使产品符合要求所必须的基础措施,包括工作场所和相关的设施,过程设备和支持性服务。工作场所和相关设施要满足生产与服务的需要,包括空间、材料、有关配备。建立台账以便于管理,制订维护保养计划,定期进行维护保养以确定其有效性,建立应急预案,以确保任何情况下不因基础设施影响产品质量和顾客满意度,保存维护保养的相关记录。

配置工作环境资源。分析、确定并控制取得产品符合性所需要的工作环境,包括产品要求、法律法规要求。工作环境要注意安全,还要注意人的因素,包括创造性的工作方法与员工的主观能动性。

11.2.3　确保产品实现过程

为确保产品的实现过程,相关人员要重视现状调查和分析工作,以改进质量管理的方式进行,确定体系涉及的产品及过程、方案覆盖的范围、方案文件的结构等的前提和基础,它的内容如下。

（1）产品及过程的特点,特别是主导产品特点等。

（2）目前的组织机构设置及职能分工是否适应质量管理改进的要求。

（3）组织内部涉及的区域、场所,以确定体系覆盖的范围。

（4）资源状况,包括各类人员和设备的状况等。

（5）管理的基础工作。

11.2.4 持续改进质量管理方案

持续改进质量管理方案主要包括如下几个方面。

制定质量方针和目标。质量管理改进方案是在质量方面建立方针和目标并实现这些目标的活动方案,质量方针和目标的确定直接关系到组织要建立一个什么样的质量管理改进方案,因此最高管理者应积极参与质量方针和目标的制定。质量方针是组织总方针的重要组成部分,是"由组织的最高管理者正式发布的该组织总的质量宗旨和方向",是全体员工必须遵守的准则和行动纲领,体现了组织对质量的承诺。最高管理者应在质量方针的框架内,确保在组织的相关职能和层次上分别建立质量目标,质量目标是组织"在质量方面所追求的目的",包括满足产品要求所需的内容,既要先进创新,又要切实可行并可测量,一般应提出量化的指标或具体目标。

组织落实,制订计划。建立统一规划、分级负责的组织机构是建立和完善质量管理改进方案的关键,应成立由公司层面联合各部门高级经理(或指定的管理者代表)为首的总体策划、协调和指导班子。其次,要建立由各职能部门领导参加的工作班子,负责总体规划的实施。要成立体系设计和体系文件编写的工作班子,由各职能部门领导或业务骨干参加,明确质量管理改进方案及各过程的责任部门,负责过程的展开和落实,以及接口部分的协调和文件的编写等。

质量管理改进方案总体设计。在完成上述诸项工作后,应对组织的质量管理改进方案进行总体设计,作为最终完善质量管理的大纲和指南。总体设计方案应由总经理或总经理代表领导下的设计小组负责提出,由总经理主持的决策会议审定。其主要内容包括:质量方针和质量目标、质量管理改进方案覆盖的范围、组织结构及质量职能的分配、质量管理改进方案涉及的产品和过程、质量管理改进方案的文件结构及编制要求、资源配置计划。

11.3 软件技术能力培训

11.3.1 建立组织的战略培训需要

质量管理改进方案的建立和完善的过程,是始于教育培训、终于教育培训的过程,也是提高认识、统一认识的过程,但不同阶段,教育培训的重点、方式和内容应有所不同。建立和实施质量管理改进方案是组织最高管理者的一项战略决策,因此在方案策划和总体设计阶段,培训的重点应是组织的决策层和管理层。这就要求我们进行从上至下的质量管理改进的相关培训,提高整个决策层和管理层的质量意识,从思想做起。

培训程序关键过程区域的目的是培育个人的技能和知识,使其能有效地和效率高地履行职责。培训程序的活动首先分别识别出组织、项目和个人所需要的培训,然后根据结果计划展开培训,以满足所识别的需求。

每个软件项目都要评价执行项目所需的技能需求,并决定如何才能让相关人员获得这些技能。某些技能可通过非正式的载体有效地传授(如在职培训、师徒培训等),而其他技能则需要较正式的培训载体(如课堂培训、网络培训等)才能有效地传授。实施培训程序的活动时,必须根据具体情况选择和使用最恰当的培训方式。

11.3.2　建立培训能力

内训师作为研发人员培训体系的重要执行者之一,同时也作为研发人员学习的引导者,是建立培训能力的重要内容。

1)内训师的选择

选择内训师的标准不只是选择在研发团队中对某一技术应用能力突出的表现者。这只是选择专业技术、技能类培训师的必备条件之一,而不是全部。首先,内训师的选择应该要扩大范围,而不应只是限于技术技能类。根据研发人员胜任力模型看,内训师可以是擅长某一领域或对某一胜任素质有深入、独到研究的人,也可以是综合素养高的人。如软件公司的管理者可以承担职业素养或是某些能力方面的培训工作,特别是在职业素养方面,他们见多识广,如果能够结合丰富的管理经验及企业战略来完成培训课程,再加上他们在研发人员中的威望要高于一般的内训师,那么由管理者来担任职业素养方面的内训师可能会取得更理想的培训效果。其次,对于中小型企业来说,能做到标准化的培训课程还是比较少一些,培训效果的好坏在更大程序上取决于内训师个人的能力。所以选择内训师时,还要对其进行多方面的评估,具体有:①学习能力;②表达能力;③写作能力;④沟通能力;⑤组织协调能力;⑥创新能力;⑦研究开发能力;⑧成本核算能力。这些条件不一定需要全部具备,但沟通能力、组织协调能力及学习能力对一个新的内训师来说是非常重要,应该要具备。最后,在选择企业内部的技术技能类的内训师时还要考虑综合能力,如可以选择具备丰富的研发经验、能够独立开发培训课程、能够在相关的领域进行持续研究,以及具备良好授课效果的人才作为技术技能类的内训师。

2)内训师的培养

由于内训师都来自其他岗位,一般不具有专业的培训技能。为了有效完成研发人员的培训任务,需要对内训师进行有计划的培养,使之能够胜任相关培训任务。如对于由研发人员兼任的内训师,他们既要完成研发任务,又要完成培训任务,他们可用于学习、掌握培训师所必需的理论与技能方面的时间非常有限,所以对于这些内训师不能实施全方位的培训,同样需要有侧重点地逐渐展开培训。

3)内训师的激励

对于兼职的内训师来说,除了完成软件研发任务外,还要完成研发人员的培训工作,那么他的工作量就会增加,如果不采取有效的激励措施,就会影响内训师的工作积极性,从而影响培训效果。同样,如果对内训师没有相应的约束机制,研发人员培训工作的质量就无法得到保障。对于内训师的激励与约束,可根据研发人员的满意度及相关管理部门的评价等方式进行,如可以采用问卷调查的方式对内训师进行打分。对于研发人员对内训师的培训效果满意度,可以通过对内训师授课前准备、上课效果、培训内容实用性、内训师工作积极性及研发人员培训收获等方面进行评价;在管理部门方面,可以通过业绩、技能和态度方面对内训师进行评价。然后综合这两方面的考核结果,对于考核结果优秀者给予相应的奖励,对于不合格者进行相应的处罚,实现在对内训师进行约束的同时也给予相应的奖励。

除了企业内部的培训师外,还可以根据企业培训经费预算聘请企业外部的培训师来开展培训。实践证明,一般请外部培训师来开展诸如忠诚度等胜任素质的培训能取得比内训师更好的培训效果,而由内训师对研发人员进行专业技术、质量管理等培训的效果较外部培训师的培训效果更好。这一点对于新入职的研发人员的培训效果更为突出。

11.3.3　策划年度培训

由于企业规模、经济效益、人员配置等诸多原因,软件公司研发人员培训体系的培训流程不可能很规范地把培训的整个流程都做完、做好,但是必须避免随意性太强的情况。

为了更好地改进研发人员培训体系,首先必须根据企业发展战略、研发人员培训需求以及研发人员胜任力模型做好研发人员培训计划。对于研发人员缺乏、项目又很多的软件企业尤其重要。做好培训计划,才能让企业更好地、见缝针插地开展研发人员培训。例如,在项目空档期就可以根据培训计划对研发人员进行有针对性的培训,也可以利用一些碎片化的时间进行研发人员培训,避免临时性决定造成随意性大的盲目培训现象。

11.3.4　实施培训

研发人员培训实施是依据培训计划开展的,培训实施能够检验研发人员培训计划是否有效,如果在培训实施过程中发现培训计划不合理,那么需要及时调整培训计划。软件研发的实践性很强,在培养研发人员技能的过程中,要注意与实践相结合。特别是对研发人员关键胜任素质——问题发现与解决能力、专业技术、质量管理和关注细节等进行培训的过程中,要密切结合企业软件项目,这样才能够提高培训项目的效果。

在培训研发人员的过程中,企业往往会忽略掉一个重要的环节,即建立研发人员的培训档案。建立培训档案,既可以清晰地追踪每一个研发人员的培养过程,又可以对优秀研发人员个案进行进一步研究,在此基础上总结研发人员培养经验,形成宝贵的资源库,促使培训体系能够不断得到完善。

11.3.5　培训效果评估

首先,进行研发人员培训效果评估。对软件公司研发人员开展培训后,需要对其进行必要的考核与评估,与研发人员胜任力模型对比,就能够让企业相关管理者与研发人员双方都明白培训工作是否达到预期的效果,也清楚尚存在差距的地方。例如,可以通过书面考核了解研发人员参加培训后对专业知识与软件项目开发实践要求的掌握情况,实现学习层面的反馈;而通过对工作绩效,如通过对考核研发人员编写的程序质量、工作难度、工作量、工作进度和工作态度等方面进行考核,实现行为层面的反馈。

其次,培训后期跟踪。培养研发人员的一项能力,不能只是在培训过程中简单地教会方法或知识,而是让其在培训后的研发工作中通过反复实践,使这项能力达到一个稳定的点,也就是对研发人员能力的培训必须让研发人员对这项能力的掌握从一种有意识、非习惯性的行为内化为一种无意识、习惯性的行为。因此,对研发人员的培训必须进行长期跟踪,适当的时候给予必要的指导,直到研发人员的这项能力进入一个稳定点,这样有利于培训效果的巩固。此外,进行培训效果评估与跟踪,能够进一步掌握研发人员的胜任力差距、反馈培训过程中出现的一些问题,能够为下一阶段的培训做好准备。

11.4　本章小结

本章主要从软件质量持续改进概述、建立组织标准过程实践及软件技术能力培训这 3 个方面介绍软件质量持续改进的原则、目标、模型和技术方法等内容。

持续改进源于事物之间的差异而引起的变异。过程受到变异的影响,会导致结果输出的偏离。软件过程受到技术、环境、人员、时空等多重因素的影响,发生偏离是很正常的,需要进行持续改进。持续改进是在经过一系列微小并不断发展的、而不是革命性创新的量变积累下逐步实现的,这正是持续改进的核心所在。软件过程改进的核心理念是目标对象应当遵照一个循序渐进和有序的过程进行,目标的期望结果是有序过程的自然产出。

参 考 文 献

[1] RIERSON L. 安全关键软件开发与审定—DO-178C 标准实践指南[M].崔晓峰,译.北京:电子工业出版社,2015.

[2] 古乐,史九林. 软件测试技术概论[M]. 北京:清华大学出版社,2004.

[3] 罗晓沛,侯炳辉.系统分析师教程[M]. 北京:清华大学出版社,2003.

[4] 肖钢,张元鸣,陆佳炜.软件文档[M]. 北京:清华大学出版社,2012

[5] YUE A,张玉祥,翟磊.软件开发技能实训教程.技术文档篇:跟 Microsoft 工程师学技术文档编写[M].北京:科学出版社,2010.

[6] 刘文红,马贤颖,董锐,等. CMMI 项目管理实践[M]. 北京:清华大学出版社,2013.

[7] 张卫祥,刘文红,吴欣. 软件可信性定量评估:模型、方法与实施[M]. 北京:清华大学出版社,2015.

[8] 刘文红,马贤颖,董锐,等. 基于 CMMI 的软件工程实施:高级指南[M]. 北京:清华大学出版社,2015.

[9] 刘文红,张卫祥,司倩然,等. 软件测试实用方法与技术[M]. 北京:清华大学出版社,2017.

[10] 中华人民共和国国家质量监督检验检疫总局,中国国家标准化管理委员会.计算机软件文档编制规范:GB/T 8567-2006[S]. 北京:中国标准出版社,2006.

[11] 中华人民共和国信息产业部. 信息技术 软件工程术语:GB/T 11457—2006[S]. 北京:中国标准出版社,2006.

[12] 中国人民解放军总装备部.军用软件开发文档通用要求:GJB 438C—2022[S]. 北京:国家军用标准出版发行部,2022.

[13] 中国人民解放军总装备部.军用软件能力成熟度模型:GJB 5000B—2022 [S]. 北京:国家军用标准出版发行部,2022.

[14] 中国人民解放军总装备部. 军用软件开发通用要求:GJB 2786A—2009[S]. 北京:总装备部军标出版发行部,2009.

[15] 中国人民解放军总装备部. 军用软件质量度量:GJB 5236—2004[S]. 北京:总装备部军标出版发行部,2004.

[16] 中国人民解放军总装备部. 军用软件研制能力等级要求:GJB 8000—2013[S]. 北京:总装备部军标出版发行部,2013.